Plomberie

ET TUYAUTERIE

MODUS
VIVENDI

© MCMXCVII Creative Homeowner

Paru sous le titre original de : *Plumbing*

LES PUBLICATIONS MODUS VIVENDI INC.
55, rue Jean-Talon Ouest, 2ᵉ étage
Montréal (Québec) H2R 2W8
Canada

Traduit de l'anglais par : Jean-Robert Saucyer

Directeur éditorial et artistique : Marc Alain
Design de la couverture : Catherine Houle

Dépôt légal - Bibliothèque et Archives nationales du Québec, 2009
Dépôt légal - Bibliothèque et Archives Canada, 2009

ISBN 978-2-89523-587-3

Nous reconnaissons l'aide financière du gouvernement du Canada par l'entremise du Programme d'aide au développement de l'industrie de l'édition (PADIÉ) pour nos activités d'édition.

Gouvernement du Québec - Programme de crédit d'impôt pour l'édition de livres - Gestion SODEC

Avant d'amorcer un projet, familiarisez-vous avec les indications des fabricants d'outils, d'équipement et de matériaux. Bien que nous ayons pris toutes les précautions possibles pour assurer l'exactitude du contenu de ce livre, ni l'auteur ni l'éditeur ne sont responsables d'une interprétation erronée des conseils prodigués ici, ou de leur application fautive, ou d'erreurs dues à la typographie.

Imprimé au Canada en janvier 2012

TABLE DES MATIÈRES

CONSIGNES DE SÉCURITÉ

Même si les méthodes et techniques décrites dans le présent manuel ont été rédigées en fonction de votre sécurité, nous tenons à vous rappeler que la prudence est de prime importance quand vous effectuez des travaux de construction. Voici quelques principes à garder en tête lorsque vous réalisez vos projets de rénovation, mais rappelez-vous que rien ne remplace le bon sens.

■ Prenez toujours vos précautions et usez de jugement lorsque vous réalisez une étape.

■ Assurez-vous que vos installations électriques sont sécuritaires ; assurez-vous de ne jamais surcharger un câble et vérifiez que les outils électriques et les prises de courant sont reliés à la terre. N'utilisez jamais d'outils électriques en des endroits humides.

■ Lisez toujours les indications sur l'étiquette d'un pot de peinture, de solvant ou de tout autre produit. Assurez-vous que l'environnement dans lequel vous travaillez est convenablement aéré. Prenez soin de respecter toutes les règles de sécurité relatives aux produits utilisés.

■ Lisez toujours le mode d'emploi d'un outil avant de l'utiliser ; portez une attention particulière aux avertissements.

■ Utilisez toujours des serre-joints et des poussoirs lorsque vous vous servez d'une scie circulaire à table. Vous encourrez moins un risque d'accident en évitant de tailler de petits morceaux.

■ Retirez toujours la clé du mandrin de perçage avant de démarrer la perceuse, qu'elle soit portative ou à colonne.

■ Portez toujours attention aux mouvements de l'outil que vous employez afin d'éviter les blessures.

■ Connaissez les limites de vos outils ; ne les employez pas pour accomplir une tâche pour laquelle ils ne sont pas conçus.

■ Avant d'entreprendre une tâche, assurez-vous que les réglages des pièces d'équipement ont été effectués et sont verrouillés ; par exemple, vérifiez le guide longitudinal de la scie circulaire à table et le réglage du chanfrein de la scie circulaire portative avant de commencer à les utiliser.

■ Si vous devez travailler sur de petites pièces avec des outils électriques, assurez-vous au préalable qu'elles sont fermement fixées à la surface de travail.

■ Portez le bon type de gants protecteurs pour les différentes tâches que vous effectuerez, que ce soit pour la manipulation de produits chimiques, le traitement du bois ou les gros travaux de construction.

■ Lorsque vous sciez ou que vous poncez, portez toujours un masque antipoussières jetable. Portez-en un doté d'un filtre pour produits chimiques lorsque vous manipulez des substances toxiques et des solvants.

■ Portez toujours des lunettes de protection, surtout lorsque vous utilisez des outils électriques ou que vous frappez du métal ou du béton. Des éclats peuvent se détacher, par exemple, lorsqu'on travaille le béton.

■ Soyez constamment sur vos gardes : même si vos réflexes sont excellents, les outils électriques peuvent causer de graves blessures et l'on a rarement le temps de réagir pour éviter un malencontreux accident. Soyez vigilants !

■ Tenez vos mains loin des lames, des scies et des mèches.

■ Manipulez toujours une scie circulaire avec vos deux mains et soyez toujours conscients de leur position.

■ Utiliser des mèches particulièrement grosses engendre une grande force de torsion ; en pareil cas, servez-vous d'une perceuse dotée d'une poignée auxiliaire.

■ Vérifiez toujours auprès des autorités de votre municipalité pour ce qui est de la réglementation locale en matière de projets de construction. Les règlements à cet effet existent pour assurer la sécurité publique ; vous devriez les respecter à la lettre.

■ N'employez jamais d'outils électriques lorsque vous êtes fatigué ou que vos facultés sont affaiblies par des médicaments ou de l'alcool.

■ N'utilisez jamais une scie mécanique pour tailler de petits morceaux de bois ou de tuyau. Taillez-les plutôt à partir de pièces plus grosses.

■ Lorsque vous changez la lame de votre scie ou de votre toupie ou encore la mèche de votre perceuse, débranchez toujours le cordon d'alimentation. Même lorsque l'interrupteur est à la position fermée. Un accident est vite arrivé.

■ Assurez-vous de travailler sous un éclairage suffisant.

■ Lorsque vous travaillez avec des outils ou des appareils électriques, assurez-vous que vos cheveux ne sont pas dénoués, que les manches de votre chemise ne sont pas déboutonnées et que vous ne portez aucun vêtement ample ni aucun bijou.

■ N'employez jamais un outil dont la lame est émoussée ; faites-le aiguiser ou apprenez à le faire vous-même.

■ Assurez-vous toujours que le morceau de bois auquel vous travaillez est solidement assujetti et ce, peu importe sa taille.

■ Lorsque vous sciez un long morceau sur un chevalet de sciage, assurez-vous qu'il est soutenu à proximité du trait de scie, à défaut de quoi le bois pourrait plier, coincer la lame et provoquer un effet de rebond.

■ Ne soutenez jamais une planche ou un tuyau que vous voulez tailler à l'aide de votre jambe ou d'une autre partie de votre corps.

■ Ne glissez pas d'outil pointu ou tranchant dans vos poches (par exemple un couteau, une alène ou un ciseau). Servez-vous plutôt d'une ceinture de cuir conçue à cet effet.

PLOMBERIE
À DOMICILE

L'installation sanitaire de votre résidence achemine l'eau potable depuis l'aqueduc municipal ou un puits qui vous appartient, de même qu'elle permet l'évacuation des eaux de ménage et des eaux vannes. Les premières sont liquides alors que les secondes contiennent des matières animales ou végétales en suspension ou en solution. Si vous habitez en région urbaine ou en banlieue, votre installation sanitaire est probablement raccordée à l'égout municipal, lequel achemine les eaux de ménage et les eaux vannes vers une station d'épuration. Si vous habitez la campagne, vos eaux usées sont probablement évacuées vers une fosse septique alors que l'épandage des déchets se fait à partir d'un bassin de répartition.

Acheminement de l'eau

Les schémas ci-contre illustrent les éléments d'une installation sanitaire comme on en trouve d'ordinaire dans les résidences et qui achemine l'eau froide et l'eau chaude. L'eau potable est acheminée par des tuyaux ou des conduites qui l'entraînent vers les appareils sanitaires et les embouts à l'extérieur de la maison. L'eau entre dans la maison en provenance de l'aqueduc municipal ou d'un puits qui vous appartient par le biais d'une canalisation principale et se dirige dans ses différentes antennes. Ces dernières transportent l'eau vers les différents appareils, sanitaires et électroménagers, de même qu'à l'extérieur de la maison.

Parmi les appareils sanitaires se trouvent les éviers, les lavabos, les cuvettes, les baignoires, les cabines de douche et les bidets. Mais l'eau circule également à l'intérieur d'autres appareils tels que les lave-linge, les lave-vaisselle, les broyeurs, les chauffe-eau et les chaudières des systèmes de chauffage. À l'extérieur de la maison, l'eau circule dans les robinets, les tourniquets d'arrosage et les piscines.

Toute canalisation d'une installation sanitaire moderne qui achemine de l'eau potable doit être dotée d'un robinet d'arrêt, de sorte que s'il faut interrompre la circulation d'eau à l'intérieur d'un tuyau, il ne sera pas nécessaire de fermer toute l'installation. Lorsqu'on le ferme, le robinet de la canalisation principale bloque la circulation de l'eau dans toute la maison. Souvent, il se trouve du côté de l'entrée du compteur d'eau. Le robinet d'arrêt de chaque tuyau doit se trouver à proximité de l'appareil qu'il dessert. On devrait trouver un robinet d'arrêt du côté intérieur d'un tuyau qui perce un mur pour atteindre l'extérieur. Il est nécessaire de couper l'alimentation en eau avant d'effectuer une réparation ou parfois par mesure de précaution.

Ainsi, lorsqu'un lave-linge ne fonctionne pas, il vaut mieux fermer les robinets d'arrêt des tuyaux d'eau chaude et d'eau froide qui alimentent l'appareil afin de prévenir un déversement si le tuyau reliant un branchement à l'appareil se détachait.

Si un puits dessert votre maison, alors votre système d'acheminement de l'eau comporte une pompe (probablement du genre submersible) et une cuve de

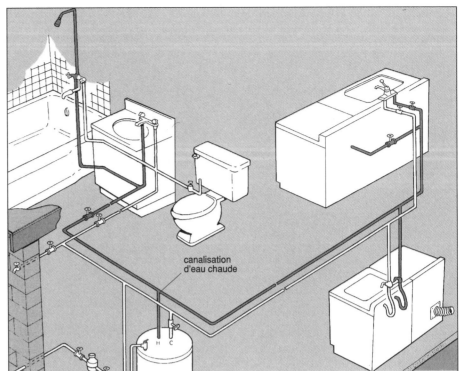

Acheminement de l'eau chaude. *Ce schéma montre le parcours qu'emprunte l'eau depuis l'aqueduc municipal, en passant par le chauffe-eau, pour se rendre dans les appareils sanitaires et électroménagers.*

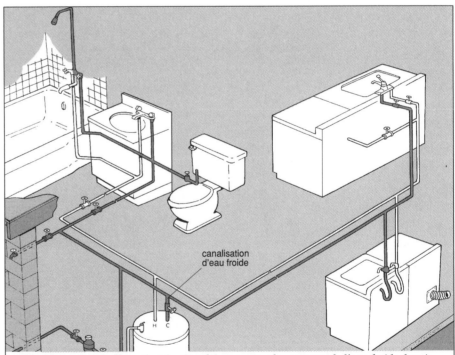

Acheminement de l'eau froide. *Ce schéma montre le parcours de l'eau froide depuis l'aqueduc municipal jusqu'aux appareils à l'intérieur d'une résidence.*

rétention. L'eau potable canalisée vers la maison à partir du puits s'entasse dans la cuve de rétention jusqu'à ce que vous en ayez besoin. Lorsque vous ouvrez un robinet ou que vous actionnez la chasse d'eau, un diaphragme présent à l'intérieur de la cuve réagit aux différentes pressions d'air et d'eau, et entraîne l'eau depuis la cuve jusqu'à l'appareil en cause.

Évacuation et ventilation

Les eaux de ménage et les eaux vannes sont évacuées par un réseau de tuyaux de différentes tailles qui acheminent les eaux usées depuis les appareils sanitaires et électroménagers jusqu'à l'égout ou la fosse septique et le bassin de répartition. Le tuyau de renvoi est le plus important du réseau car c'est celui dans lequel s'écoulent tous les autres. Le tuyau de renvoi conduit les eaux de ménage et les eaux vannes des appareils de plomberie jusqu'à l'égout, la fosse septique et le bassin de répartition.

Les cuvettes sont raccordées à des tuyaux de renvoi du même calibre que celui dans lequel elles se vident. L'eau présente dans la cuvette remplit deux fonctions, en premier lieu chasser les eaux usées à l'extérieur de la maison et, en second lieu, empêcher le gaz d'égout de refluer vers les lieux habités.

Chaque évier, baignoire, cabine de douche, bidet, lave-linge et lave-vaisselle est raccordé aux tuyaux du plus petit diamètre qui soit dans l'ensemble du réseau d'évacuation. Il s'agit des tuyaux d'évacuation des eaux usées. Chacun de ces tuyaux comporte une section courbe, appelée siphon, qui contient toujours de l'eau pour empêcher les mauvaises odeurs de remonter vers la maison.

Le siphon d'un évier se trouve en général sous ce dernier, exposé à la vue. Pour ce qui est des autres appareils sanitaires ou électroménagers, le siphon se trouve sous le plancher au sous-sol. Si la maison ne compte pas de sous-sol, le siphon peut être intégré au plancher, dissimulé sous un panneau amovible, pour que l'on puisse le réparer, le cas échéant.

Le tuyau de renvoi et les tuyaux d'évacuation des eaux usées d'une installation moderne doivent être munis d'un bouchon de dégorgement que l'on retirera en temps voulu afin de les désengorger. Les tuyaux d'évacuation des cuvettes n'ont pas de bouchon de dégorgement.

Le tuyau de renvoi monte également jusqu'au toit pour assurer sa ventilation. Chaque appareil de la maison est raccordé à une conduite de mise à l'air libre fixée au toit de la maison pour assurer la ventilation de tous les siphons. La ventilation est nécessaire pour maintenir un équilibre entre la pression d'air et la pression d'eau dans l'ensemble du réseau d'évacuation, de sorte que l'eau ne s'échappe pas des siphons et

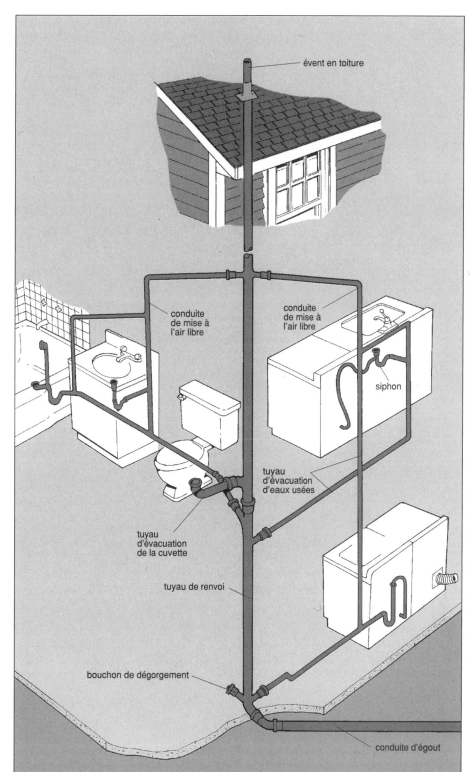

Évacuation et ventilation. Le système d'évacuation et de ventilation achemine les eaux de ménage et les eaux usées entre les appareils sanitaires et électroménagers et l'égout ou la fosse septique.

des cuvettes. Le siphonnement exposerait les lieux habités au gaz d'égout.

Plusieurs méthodes servent à assurer la ventilation du réseau ; on peut recourir entre autres à un tuyau de ventilation

secondaire, de ventilation traditionnelle, un évent de siphonnement, à une boucle de ventilation, un évent intermédiaire et à un tuyau de ventilation latérale. L'emplacement des évents est régi par les codes de plomberie en vigueur.

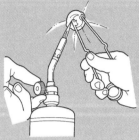

Chalumeau au gaz propane. Cet outil sert au brasage.

Débouchoir à ventouse. Aussi appelé débouchoir. Cet outil sert à désengorger une cuvette, un évier, un lavabo, une baignoire, une douche et un siphon de sol obstrués.

Clé à crémaillère. Dotée d'une mâchoire mobile et d'une mâchoire fixe, c'est la clé la plus utile qui soit. Un réglage de vis tangente permet de régler avec précision l'ouverture des mâchoires. Vérifiez souvent le réglage pour vous assurer que les mâchoires ne sont pas desserrées.

Furet de dégorgement. Cet outil, que l'on appelle également un dégorgeoir et qui existe en plusieurs modèles, sert à désengorger les tuyaux d'évacuation des eaux usées.

Alésoir de siège de soupape. Employez cet outil pour polir et mettre au diamètre les sièges de soupape des robinets de compression qui ne peuvent être remplacés, s'ils abîment les rondelles d'étanchéité. Si le siège de soupape est abîmé et qu'il est impossible de le réparer, il faut remplacer le robinet.

Dégorgeoir. Outil utile pour désengorger les tuyaux d'évacuation et les siphons de cuvette. On peut en actionner la manivelle par la force du bras ou se procurer un dégorgeoir électrique.

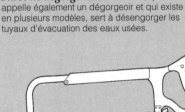

Clé à mâchoires. Cette clé à mâchoires lisses sert à visser ou à dévisser les raccords de cuivre délicats et les fixations qui tiennent les siphons.

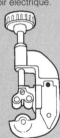

Coupe-tube. Employez cet outil pour sectionner les tuyaux de cuivre. Il en existe une version miniature qui sert à couper les tuyaux en espace restreint car il permet d'approcher à quelques centimètres (fraction de pouce) d'un mur, d'un poteau mural ou d'une solive de plancher.

Scie à métaux. Outil qui sert à tailler les canalisations de métal et de plastique. Une lame d'une scie à métaux qui compte 24 dents tous les 2,5 cm (1 po) sert à tailler un tuyau dont le diamètre fait entre 3 et 6 mm (1/8 et 1/4 pouce). Une scie à métaux qui compte 16 dents tous les 2,5 cm (1 po) sert à sectionner les tuyaux dont le diamètre fait entre 1 et 2,5 cm (1/2 et 1 po).

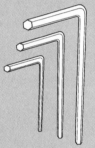

Pince réglable. On emploie ce type de pince pour desserrer et resserrer les raccords de robinet en autant qu'il n'est pas nécessaire d'employer une force excessive. Il faut savoir que les mâchoires dentelées peuvent abîmer une surface. Pour éviter cela, on applique de l'adhésif autour du raccord.

Lève-soupape. On l'utilise afin d'enlever le siège de soupape d'un robinet de compression s'il est remplaçable.

Clé à fourche et polygonale. Cette clé assure une meilleure prise que la clé ajustable. On peut se la procurer seule ou acheter un jeu de clés de tailles différentes. L'extrémité polygonale se distingue de celle à fourche par sa mâchoire toute ronde. Elle assure donc une meilleure préhension et atténue les risques de glissement en présence de boulons difficiles à déloger ou aux angles arrondis.

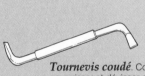

Clés Allen. Proposées en plusieurs tailles, ces clés en forme de coudes servent à desserrer et à resserrer les vis Allen. Ces dernières sont des vis écrous à six pans. Les clés à six faces permettent de faire tourner ce genre de vis.

Pince standard. Cet outil est doté de mâchoires courbes et dentelées, et d'embouts quelque peu arrondis. On peut régler les poignées selon deux ouvertures, une standard afin de saisir les objets de taille moyenne et une élargie afin de saisir les objets de plus grande taille.

Clé pour tige de robinet. Vous pourriez avoir besoin de cette clé pour desserrer ou resserrer les tiges de la baignoire ou les robinets de la douche entre deux parois afin de remplacer les rondelles d'étanchéité.

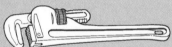

Tournevis coudé. Conçu pour visser et dévisser dans les endroits exigus.

Clé à tuyau. Cet outil sert à faire tourner les tuyaux de fer autour de leur axe et à dévisser les écrous et les raccords que vous mettrez au rebut, étant donné que ses mâchoires dentelées risquent d'abîmer le tuyau.

Clé pour lavabo. Cette clé sert à saisir et à faire tourner les écrous qui retiennent les robinets aux éviers. Sa tête orientable peut se glisser dans les endroits trop exigus pour les autres clés.

Tournevis standard. Le tournevis à tige plate est proposé en une grande variété de modèles qui varient en fonction de la longueur et de la largeur de leur tige. Il épouse les vis à filets interrompus.

Tournevis cruciforme. La tige de ce modèle s'adapte dans l'empreinte de la tête des vis cruciformes qui sont souvent nécessaires pour fixer les appareils sanitaires.

ÉVIERS

En ce qui touche les éviers, les fuites sont le problème que rencontrent le plus souvent les propriétaires. Elles peuvent survenir au niveau du robinet, du bec, du tuyau de canalisation ou de la douchette. Dès lors que l'on connaît l'anatomie d'un évier, il est facile de déceler le problème. Réparer une ébréchure à la cuve d'un évier peut s'avérer difficile mais pas impossible.

Anatomie d'un évier

Un évier est une cuvette dotée d'une alimentation en eau et d'une vidange mais, s'il se trouve dans une salle de bains, on parle alors de lavabo. Cependant, quel que soit le nom qu'on lui donne, il remplit la même fonction, c.-à-d. qu'il sert de cuvette où recueillir de l'eau potable, où la conserver le temps que l'on souhaite et qui en permette l'évacuation lorsqu'on en a terminé.

Remarque : Au fil de cet ouvrage, nous employons les mots « évier » et « lavabo » de façon interchangeable.

Bouchon et pommelle

Les apparences sont parfois trompeuses car, sans en avoir l'air, les éviers et les lavabos sont des modèles de design et d'ingénierie. Selon la plupart des codes de plomberie, ils doivent être munis d'un dispositif qui retient l'eau dans la cuvette et qui retient également les matières qui flotteraient dans l'eau afin qu'elles n'obstruent pas le tuyau au moment de l'évacuation. L'exception à ce principe demeure l'évier de cuisine jumelé à un broyeur à déchets, lequel est muni d'un bouchon (non pas une pommelle) afin que les déchets alimentaires se rendent au broyeur en passant par l'orifice d'entrée.

La plupart des lavabos sont dotés d'un obturateur à clapet que contrôle une tige de levage. La hauteur à laquelle on peut soulever un obturateur est limitée, de sorte que les morceaux de matière présents dans l'eau ne puissent être acheminés par le tuyau d'évacuation. Toutefois, cela ne vaut pas pour les poils et les cheveux qui finissent par étrangler la tige de l'obturateur. Lorsque trop de poils et de cheveux sont emmêlés autour de la tige, ils obstruent le renvoi et entravent la circulation de l'eau. C'est là la principale cause d'engorgement des tuyaux.

Les anciens modèles de lavabos et d'éviers étaient dotés de bouchons de caoutchouc ou de métal que l'on insérait et retirait soi-même des renvois. Avez-vous remarqué que les renvois de ces lavabos et éviers sont munis d'une crépine qui retient une bonne part des débris présents dans l'eau, de sorte qu'ils ne s'engagent pas dans le tuyau d'évacuation ?

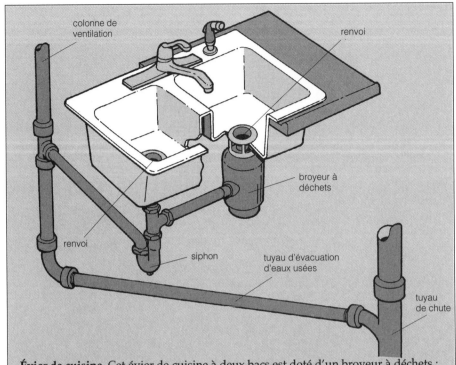

Évier de cuisine. Cet évier de cuisine à deux bacs est doté d'un broyeur à déchets ; on remarque qu'un seul bac est muni d'un siphon. La plupart des codes de plomberie permettent une telle chose lorsque la distance entre les orifices des renvois est de 75 cm (30 pouces environ) ou moins.

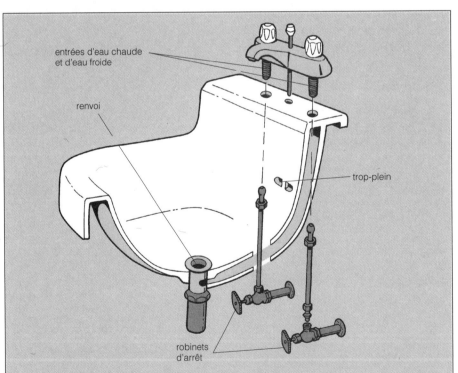

Lavabo de salle de bains. Lorsqu'on choisit un robinet en fonction d'un évier ou d'un lavabo, il faut s'assurer que le diamètre des entrées d'eau chaude et d'eau froide correspond aux orifices prévus pour les recevoir.

Renvois

Quiconque s'est servi d'un évier ou d'un lavabo sait à quoi ressemble un renvoi. Mais tous ne savent pas qu'un renvoi est percé selon des mesures très précises. Le renvoi d'un évier de cuisine fait au moins 4 cm (1 1/2 po) de diamètre, à moins qu'il ne soit jumelé à un broyeur à déchets ; dans ce cas, le diamètre du renvoi ne doit pas être inférieur à 9 cm (3 1/2 po). Le diamètre du renvoi de l'évier d'un local d'entretien doit également faire au moins 4 cm (1 1/2 po).

Les renvois des lavabos ont un diamètre minimal de 3 cm (1 1/4 po). Même si la plupart des codes de plomberie ne l'exigent pas, un lavabo peut être doté d'un orifice ou deux ; il s'agit alors du trop-plein qui se trouve environ aux trois quarts de la hauteur de l'une de ses parois. Le trop-plein sert à évacuer l'excédent d'eau d'un lavabo obstrué par un bouchon ou engorgé par des saletés, de sorte qu'elle ne se répande pas sur le sol. Un évier et un lavabo comptent également d'autres orifices dont il faut tenir compte lorsqu'on choisit un robinet. La distance entre le centre de l'orifice de l'évier ou du lavabo du côté de l'entrée d'eau chaude et le centre de l'orifice du côté de l'entrée d'eau froide est en général de 10 à 20 cm (4 à 8 po). Par conséquent, la distance entre les entrées d'eau chaude et d'eau froide du robinet doit équivaloir à celle qui sépare les orifices de l'évier ou du lavabo, si l'on considère que vous choisissez un robinet doté de deux manettes. Mais qu'en est-il d'un robinet à une manette ? La distance entre les orifices importe tout autant. Les fixations qui retiennent le robinet à l'évier ou au lavabo doivent tenir à l'intérieur des orifices et d'ordinaire la distance qui les sépare est de 10 à 20 cm (4 à 8 po).

Surface

On peut installer un évier ou un lavabo à l'endroit de son choix pourvu qu'il s'y trouve une source d'eau potable et un tuyau d'évacuation des eaux usées. On peut fixer un évier ou un lavabo au mur, le poser sur des pieds ou un socle, ou encore l'encastrer dans un comptoir. Les lavabos sont également encastrés dans des comptoirs.

On fabrique les éviers et les lavabos à partir de plusieurs matériaux, notamment la fonte et l'acier émaillés, la porcelaine vitrifiée, l'acier inoxydable, le similimarbre et le plastique. Le seul préalable tient à la surface qui doit être lisse et non absorbante. La surface d'un évier ou d'un lavabo peut se tacher ou s'écailler. Souvent, il est possible de retoucher une imperfection légère (reportez-vous à la page 28). On ne peut cependant pas réparer un évier fissuré qui fuit. Il faut alors le remplacer.

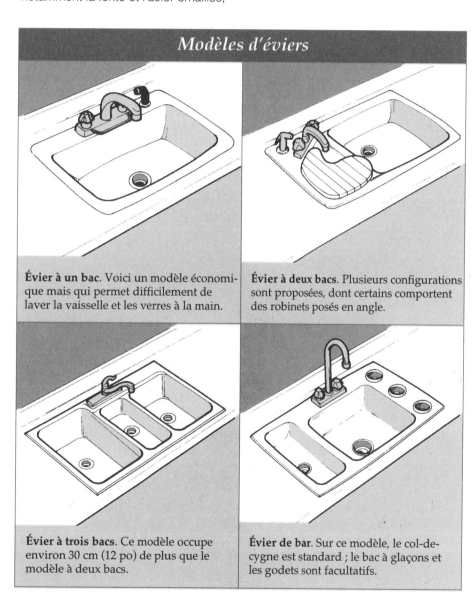

Modèles d'éviers

Évier à un bac. Voici un modèle économique mais qui permet difficilement de laver la vaisselle et les verres à la main.

Évier à deux bacs. Plusieurs configurations sont proposées, dont certains comportent des robinets posés en angle.

Évier à trois bacs. Ce modèle occupe environ 30 cm (12 po) de plus que le modèle à deux bacs.

Évier de bar. Sur ce modèle, le col-de-cygne est standard ; le bac à glaçons et les godets sont facultatifs.

Réparation de robinets :

À deux manettes et rondelles d'étanchéité

Si vous ignorez si votre robinet à deux manettes est muni de rondelles d'étanchéité ou d'une cartouche de plastique, il suffit de le désassembler pour le savoir.

Désassemblage

Dévissez la vis qui retient la manette à la tige et enlevez la manette. Si elle est coiffée d'un capuchon, insérez la pointe d'un couteau à lame rétractable sous ce dernier pour le dégager (voir le schéma 1) afin d'atteindre la vis qui tient la manette. On réussit parfois à dégager une vis trop serrée en lui assénant quelques coups à l'aide du manche d'un tournevis ou d'un marteau à tête de plastique. Allez-y doucement pour éviter de fissurer le capuchon.

Si vous ne parvenez pas à dégager la manette, entourez la tige d'un tournevis de ruban isolant, glissez-la sous le robinet et essayez de les disjoindre en exerçant une pression moyenne. Déplacez la tige du tournevis et exercez de nouveau une pression moyenne. Refaites l'opération en déplaçant le tournevis tout autour de la manette jusqu'à ce qu'elle cède. Ce truc est également utile lorsqu'une manette est rongée de l'intérieur par la corrosion. Si vous avez du mal à la dégager, vous pouvez vous servir d'un extracteur (voir le schéma 2).

Lorsque la manette est dégagée, posez une clé ajustable autour de l'écrou qui retient la tige (que l'on appelle souvent écrou de presse-garniture) et tournez la clé dans le sens contraire des aiguilles d'une montre afin de le desserrer (voir le schéma 3). Vous pouvez vous servir d'une pince ajustable mais protégez l'écrou en entourant ses mâchoires de ruban isolant. Dégagez la tige du robinet à la force de vos mains. Si elle n'a aucun jeu, fixez-la de nouveau à la manette qui fera office de levier.

Remarque : S'il ne se trouve aucune rondelle à la base de la tige de manœuvre, c'est que le robinet est muni d'une cartouche de plastique (voir les pages 19 et 20).

Bec qui goutte

Dévissez la vis de laiton qui retient la rondelle à la tige (voir le schéma 4). Emportez la tige de manœuvre avec vous lorsque vous allez acheter des pièces de rechange pour qu'elles soient toutes de la taille qui convient (voir la figure 5).

Fixez la nouvelle rondelle à la tige à l'aide de la nouvelle vis de laiton que vous visserez suffisamment pour bien assujettir la rondelle.

Si un robinet fuit souvent, c'est peut-être que le siège sur lequel s'appuie la

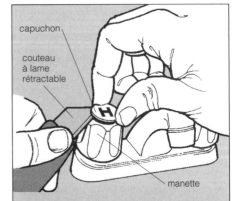

1 Souvent les vis des manettes d'un robinet sont dissimulées sous des capuchons. On les enlève en glissant la pointe d'un couteau à lame rétractable sous le capuchon pour le disjoindre.

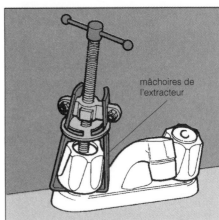

2 Si l'emploi d'une force excessive risque d'abîmer une manette qui serait fermement fixée à une tige de manœuvre, il faudra alors employer un extracteur.

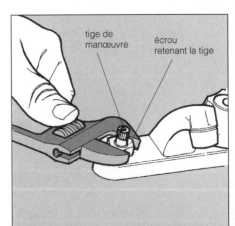

3 Après avoir retiré la manette, servez-vous d'une clé ou d'une pince ajustable afin de desserrer l'écrou qui retient la tige. Enlevez cet élément à la main.

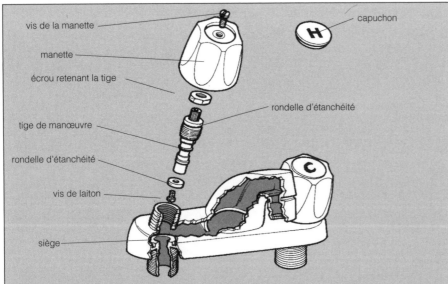

Robinet à deux manettes doté d'une rondelle d'étanchéité. Bien que les modèles aient changé au fil des ans, les composants internes d'un robinet à compression ou doté d'une rondelle d'étanchéité sont demeurés pratiquement les mêmes.

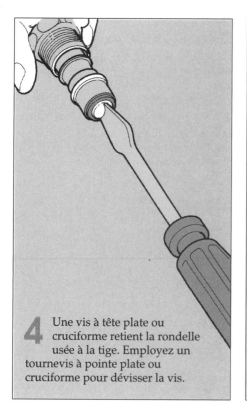

4 Une vis à tête plate ou cruciforme retient la rondelle usée à la tige. Employez un tournevis à pointe plate ou cruciforme pour dévisser la vis.

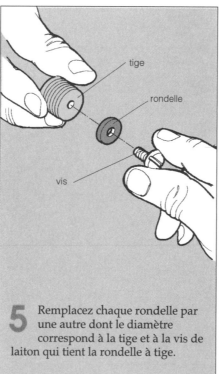

5 Remplacez chaque rondelle par une autre dont le diamètre correspond à la tige et à la vis de laiton qui tient la rondelle à tige.

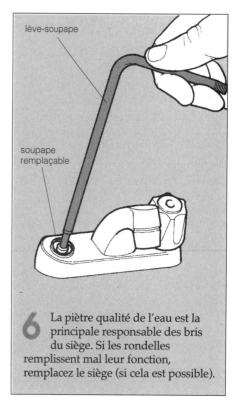

6 La piètre qualité de l'eau est la principale responsable des bris du siège. Si les rondelles remplissent mal leur fonction, remplacez le siège (si cela est possible).

rondelle est abîmé. Vous pourriez sentir sa rugosité en insérant un doigt dans l'orifice et en palpant le contour du siège. On peut souvent faire disparaître ce genre de rugosité à l'aide d'un aléSoir qui fera quelques fois le tour du siège. Si cela ne change rien, employez un lève-soupape afin de remplacer le siège lorsque faire se peut (voir le schéma 6). Il faudra probablement remplacer un robinet exempt de sièges remplaçables.

Si les tiges sont munies de capuchons de néoprène et non pas de rondelles, vous ne trouverez peut-être pas de pièces de rechange. Ce modèle n'était guère populaire. Prenez la tige avec vous pour voir s'il est possible de trouver de nouvelles tiges avec la même configuration et qui reçoivent des rondelles. Si cela s'avère impossible, il faudra remplacer le robinet.

Fuite autour de la manette

Si la fuite n'est pas colmatée après que vous avez resserré l'écrou qui retient la tige (voir la rubrique Remontage ci-dessous), il faut remplacer la bague de serrage qui entoure la tige. Cette bague peut être faite d'un matériau imprégné de graphite appelé « garniture d'étanchéité » (voir le schéma 7) qui entoure le dessus de

la tige, d'une rondelle d'étanchéité logée à l'intérieur de l'écrou qui retient la tige ou d'un ou de plusieurs joints toriques moulés dans les rainures de la tige (voir le schéma 8). Prenez la tige avec vous lorsque vous faites l'achat de pièces de rechange pour vous procurer les accessoires nécessaires. Si votre tige reçoit des joints toriques, enduisez-la au préalable d'une fine couche de gelée de pétrole ou de graisse qui résiste à la chaleur avant de les installer.

Remontage

Enlevez tout dépôt corrosif de la partie de la tige qui est en métal ou en plastique. S'il le faut, poncez-la délicatement à l'aide d'une laine d'acier fine (n° 000). Replacez la tige à l'intérieur du robinet et tournez-la à la main dans le sens des aiguilles d'une montre jusqu'à ce qu'il n'y ait plus de jeu. Fixez la manette et faites couler l'eau. Si vous entendez un claquement, la rondelle a trop de jeu. Enlevez la tige afin de resserrer la rondelle. Si l'eau fuit autour de la manette, l'écrou qui retient la tige n'est peut-être pas assez serré. Enlevez la manette et tournez l'écrou d'un autre quart de tour.

7 S'il s'agit d'un vieux robinet, il faudra probablement entourer la tige d'une garniture d'étanchéité afin de prévenir les fuites.

8 À présent, les robinets sont munis de joints toriques qui préviennent les fuites autour des manettes. Si vous constatez une fuite, enlevez le joint torique à l'aide de la pointe d'une alêne et remplacez-le.

Réparation des robinets :
à levier et bloc d'obturation de céramique

Un robinet à levier muni d'un bloc d'obturation de céramique est fait d'un cylindre à l'intérieur duquel se trouve un bloc d'obturation mobile qui tourne contre un bloc d'obturation fixe afin de contrôler la température de l'eau.

Si vous ignorez si votre robinet est muni d'un bloc d'obturation de céramique ou d'une bille creuse, il suffit d'enlever le levier pour le savoir.

Retrait du levier

Vous enlèverez le levier en dévissant la vis sans tête qui le tient (voir le schéma 1), puis le capuchon du levier, le cas échéant (voir le schéma 2). La vis peut être dissimulée sous un capuchon ou un bouton.

Désassemblage

Si vous devez colmater une fuite autour du levier, vous devriez y parvenir en resserrant les vis qui retiennent le bloc d'obturation de céramique.

Si vous devez colmater le bec, il faut dévisser et enlever le bloc d'obturation de céramique (voir le schéma 3). Retournez le cylindre pour y enlever les anneaux d'étanchéité (voir le schéma 4).

Nettoyez la base du cylindre et les sièges qui reçoivent les anneaux d'étanchéité (voir le schéma 5). Rincez-les à l'eau afin d'éliminer toute saleté qui pourrait provoquer la fuite.

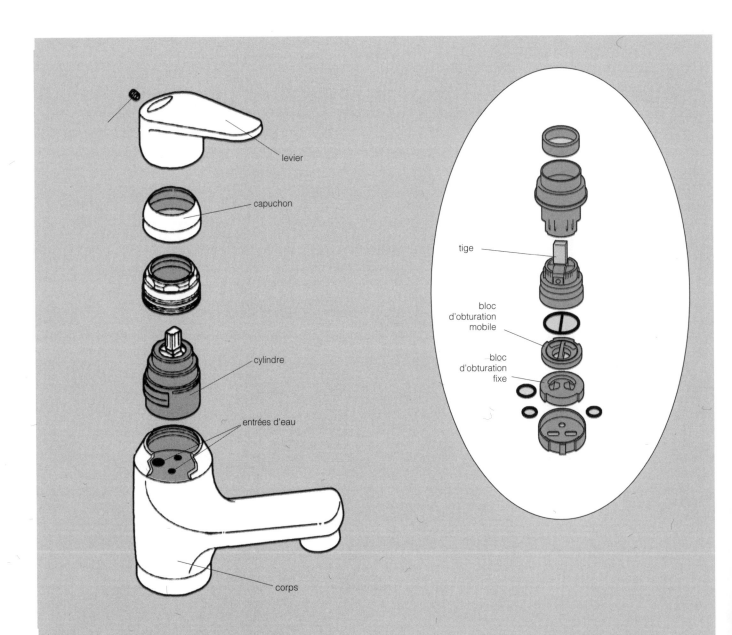

Robinet à levier et bloc d'obturation de céramique. Ce robinet est constitué d'un cylindre et d'anneaux d'étanchéité qui se marient aux orifices de sa base. Il s'agit des points faibles de ce modèle plutôt fiable.

Remontage

Remettez le bloc d'obturation de céramique en place et fixez-le. Surtout, ne serrez pas trop les vis. Faites couler l'eau pour voir si la fuite est colmatée. Si le robinet fuit encore, désassemblez de nouveau le robinet et remplacez les anneaux d'étanchéité (voir le schéma 6).

Pour vous assurer d'un ajustement parfait, procurez-vous des anneaux fabriqués expressément pour votre marque de robinet.

Si les anneaux d'étanchéité ne viennent pas à bout du problème, remplacez le bloc d'obturation de céramique. Lorsque vous remettrez le

levier en place, réglez-le selon une ouverture partielle et ouvrez lentement les soupapes d'arrêt d'eau. Lorsque l'eau coulera avec régularité, ouvrez le robinet.

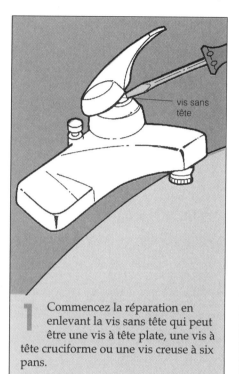

vis sans tête

1 Commencez la réparation en enlevant la vis sans tête qui peut être une vis à tête plate, une vis à tête cruciforme ou une vis creuse à six pans.

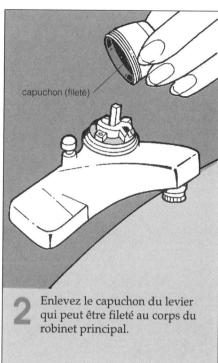

capuchon (fileté)

2 Enlevez le capuchon du levier qui peut être fileté au corps du robinet principal.

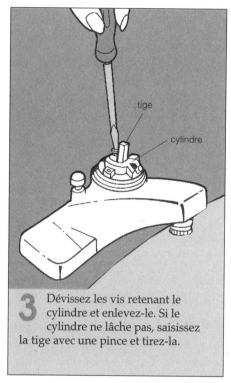

tige

cylindre

3 Dévissez les vis retenant le cylindre et enlevez-le. Si le cylindre ne lâche pas, saisissez la tige avec une pince et tirez-la.

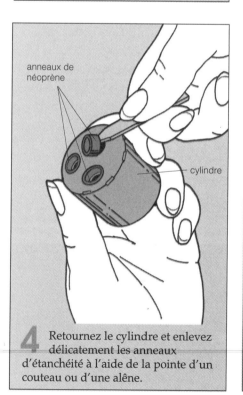

anneaux de néoprène

cylindre

4 Retournez le cylindre et enlevez délicatement les anneaux d'étanchéité à l'aide de la pointe d'un couteau ou d'une alêne.

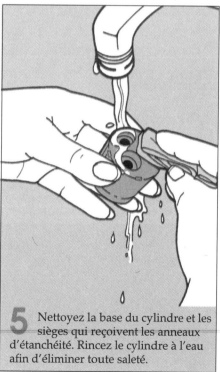

5 Nettoyez la base du cylindre et les sièges qui reçoivent les anneaux d'étanchéité. Rincez le cylindre à l'eau afin d'éliminer toute saleté.

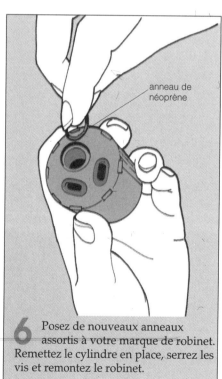

anneau de néoprène

6 Posez de nouveaux anneaux assortis à votre marque de robinet. Remettez le cylindre en place, serrez les vis et remontez le robinet.

Réparation des robinets :
à bille creuse et à levier

De tous les robinets, ce modèle est le plus difficile à réparer. Une fuite semblera réparée pour apparaître de nouveau au bout de quelques jours. Il faudra faire preuve de patience en attendant que le problème soit vraiment résolu. On commercialise des trousses de réparation pour ce genre de robinet qui contiennent quelques-unes ou toutes les pièces de rechange, notamment la clé tricoise pour anneau de tension.

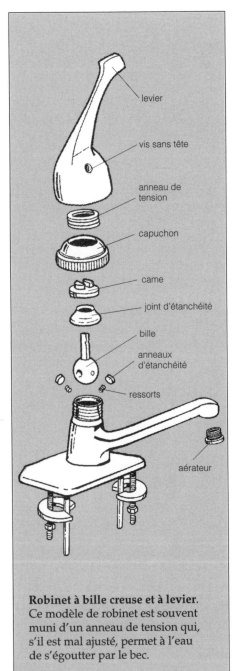

Robinet à bille creuse et à levier. Ce modèle de robinet est souvent muni d'un anneau de tension qui, s'il est mal ajusté, permet à l'eau de s'égoutter par le bec.

Désassemblage

Enlevez le levier à l'aide d'un tournevis ou d'une clé hexagonale (voir le schéma 1). Vous verrez l'anneau de tension qui est une bague filetée dotée d'encoches. Bon nombre de fuites sont provoquées par un anneau de tension qui fuit. Insérez une clé tricoise dans les encoches de l'anneau et resserrez-le (voir le schéma 2). Remettez les pièces en place et faites couler l'eau pour voir si la fuite est réparée. Si le robinet fuit encore, fermez l'eau et commencez à démonter le levier, le capuchon, l'anneau de tension, la came, la garniture, la bille, les anneaux d'étanchéité et les ressorts (voir les schémas 3 à 7).

Remontage

Étant donné qu'il est habituellement impossible de déterminer l'origine d'une fuite, vous épargnerez beaucoup de temps et d'énergie en remplaçant toutes les pièces. Remarquez comment les anneaux d'étanchéité et les ressorts se marient aux orifices d'alimentation en eau, qu'il faut insérer par leur base.

Si la bille que vous retirez du robinet est en plastique et que l'eau y a laissé un dépôt calcaire, remplacez-la par une autre bille de plastique.

Bien sûr, vous remettez en place les différents éléments du robinet en sens inverse mais il faut surveiller une chose. La came sera probablement dotée d'un tenon destiné à s'ajuster dans une partie creuse (voir le schéma 8). Ce tenon doit se marier à l'encoche qui se trouve dans le corps du robinet.

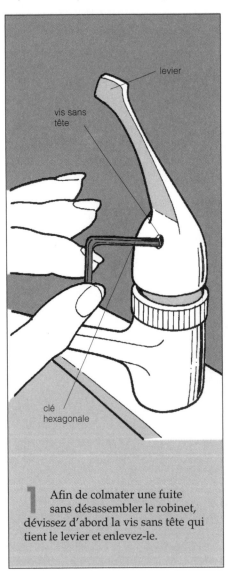

1 Afin de colmater une fuite sans désassembler le robinet, dévissez d'abord la vis sans tête qui tient le levier et enlevez-le.

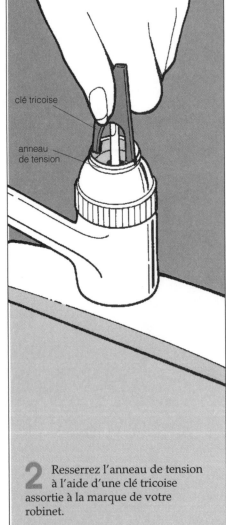

2 Resserrez l'anneau de tension à l'aide d'une clé tricoise assortie à la marque de votre robinet.

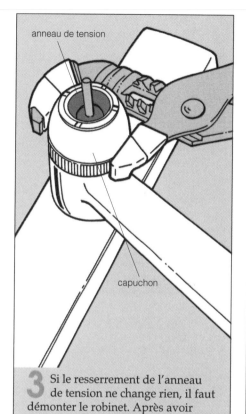

anneau de tension

capuchon

3 Si le resserrement de l'anneau de tension ne change rien, il faut démonter le robinet. Après avoir enlevé le levier, disjoignez et enlevez le capuchon et l'anneau de tension.

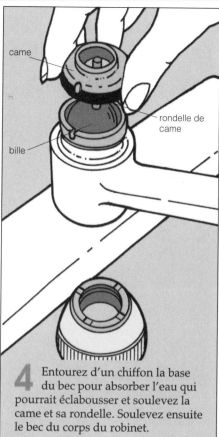

came

rondelle de came

bille

4 Entourez d'un chiffon la base du bec pour absorber l'eau qui pourrait éclabousser et soulevez la came et sa rondelle. Soulevez ensuite le bec du corps du robinet.

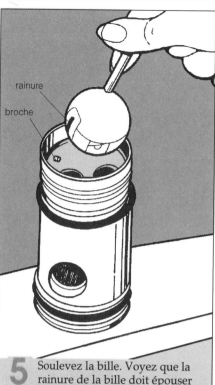

rainure

broche

5 Soulevez la bille. Voyez que la rainure de la bille doit épouser une broche à l'intérieur du corps du robinet. Lorsque vous remettez la bille en place, assurez-vous que la broche est bien insérée dans la rainure.

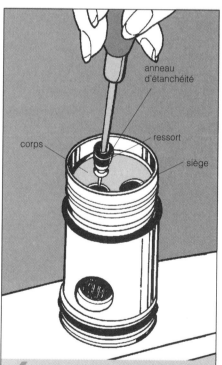

anneau d'étanchéité

corps

ressort

siège

6 Enlevez les anneaux d'étanchéité et les ressorts à l'intérieur du corps du robinet et remplacez-les par les nouveaux qui se trouvent dans la trousse de réparation de votre marque de robinet.

7 Si l'eau fuyait de la base du bec d'un robinet orientable, il faut également remplacer les joints toriques et les lubrifier à l'aide d'une graisse qui résiste à la chaleur.

rondelle de came

came

tenon

encoche

8 Lorsque vous remontez le robinet, vérifiez que le tenon de la came épouse bien l'encoche du corps du robinet.

Réparation des robinets :
à une manette et à soupapes basculantes

Il appert parfois que des particules présentes dans l'eau s'accumulent dans l'un des sièges et gênent le basculement d'une soupape. Avant de désassembler le robinet, vous pourriez tenter de déloger les particules en ouvrant et en fermant vite le robinet à plusieurs reprises.

Désassemblage

Dévissez le bec et enlevez-le (voir le schéma 1). Si l'écrou du bec est coincé, servez-vous d'une pince réglable pour le disjoindre mais entourez d'abord ses mâchoires de ruban isolant pour ne pas laisser de traces sur le bec.

Soulevez l'enjoliveur (voir le schéma 2) et, à l'aide d'un tournevis, enlevez les écrous rainurés qui retiennent les soupapes basculantes. Enlevez les soupapes (voir le schéma 3).

Réparation

Selon toute probabilité, la fuite est occasionnée par le siège d'une soupape abîmé. Il est rare qu'une soupape basculante fasse défaut.

Enlevez les sièges des soupapes à l'aide d'un lève-soupape.

Procurez-vous des pièces de rechange assorties dans une quincaillerie, un centre de rénovation domiciliaire ou chez un fournisseur de matériaux de construction et installez de nouveaux sièges.

Remettez les soupapes basculantes en place, en engageant d'abord leurs tiges dans le robinet.

Remettez l'enjoliveur et le bec en place, et faites couler l'eau.

Si le robinet fuit encore, c'est qu'une soupape, voire les deux, sont défectueuses. Démontez de nouveau le robinet afin de remplacer les deux soupapes basculantes.

Si l'eau fuit de la base du bec, remplacez les joints toriques avant de revisser le bec au robinet (voir le schéma 4). Lubrifiez les joints toriques avec de la graisse qui résiste à la chaleur.

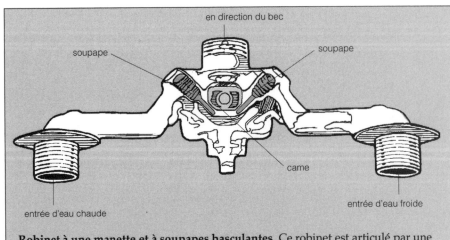

Robinet à une manette et à soupapes basculantes. Ce robinet est articulé par une came qui tourne lorsqu'on actionne le levier. Dans cette position, la came n'engage pas la soupape basculante ; en conséquence, le robinet est fermé.

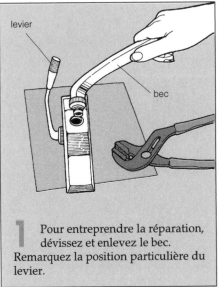

1 Pour entreprendre la réparation, dévissez et enlevez le bec. Remarquez la position particulière du levier.

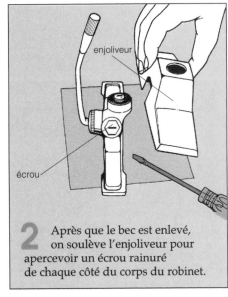

2 Après que le bec est enlevé, on soulève l'enjoliveur pour apercevoir un écrou rainuré de chaque côté du corps du robinet.

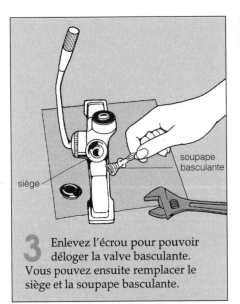

3 Enlevez l'écrou pour pouvoir déloger la valve basculante. Vous pouvez ensuite remplacer le siège et la soupape basculante.

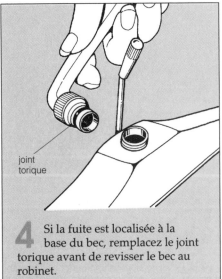

4 Si la fuite est localisée à la base du bec, remplacez le joint torique avant de revisser le bec au robinet.

Réparation de robinets :
à cartouche et à deux leviers

Au fil des ans, plusieurs modèles de robinets à deux leviers, communément appelés robinets de compression, ont été installés. Les schémas ci-dessous comparent trois modèles.

Nous décrirons ici le robinet à cartouche et à deux leviers. Il s'agit du modèle le plus récent parmi les robinets de compression. En plus d'une tige de céramique, l'intérieur du corps de ce modèle est doté d'un anneau d'étanchéité en caoutchouc plutôt que d'un siège de métal. La tige de céramique se soulève ou redescend en s'appuyant sur l'anneau de caoutchouc pour permettre l'écoulement ou l'interruption de l'eau.

Désassemblage

Lorsque les leviers d'un robinet à cartouche sont enfoncés, ils deviennent trop serrés, ce qui entraîne parfois une fuite du bec. Desserrez les vis des leviers et revissez-les avec juste assez de fermeté pour que les leviers tiennent en place. Si la fuite persiste, reportez-vous à la page 12 pour voir comment on démonte les leviers et la cartouche.

Fuite du bec

Ce modèle de robinet fuit principalement en raison des dépôts calcaires. Passez le bec d'une bouteille d'air comprimé dans les ailettes se trouvant à la base de la cartouche et laissez s'échapper un ou deux jets d'air afin de chasser les dépôts qui empêchent le bloc d'obturation mobile de prendre appui sur le bloc d'obturation fixe. Rincez ensuite au jet d'eau. Si le bec fuit encore, alors il faut remplacer la cartouche. Prenez la cartouche abîmée avec vous et rendez-vous dans une quincaillerie, un centre de rénovation domiciliaire ou chez un fournisseur de matériaux de construction pour y acheter une cartouche de rechange, car leurs modèles varient selon les marques de fabrique.

Fuite autour d'un levier

Le robinet à cartouche et à deux leviers est muni de joints toriques pour empêcher l'eau de fuir autour des leviers. Si l'eau s'en échappe, il faut remplacer ces joints. Étendez une fine couche de gelée de pétrole ou de graisse qui résiste à la chaleur sur les joints toriques avant de les encastrer dans les rainures.

Remontage

Suivez les indications pertinentes présentées à la page 12 sous la rubrique « Réparation de robinets : à deux manettes et rondelles d'étanchéité ».

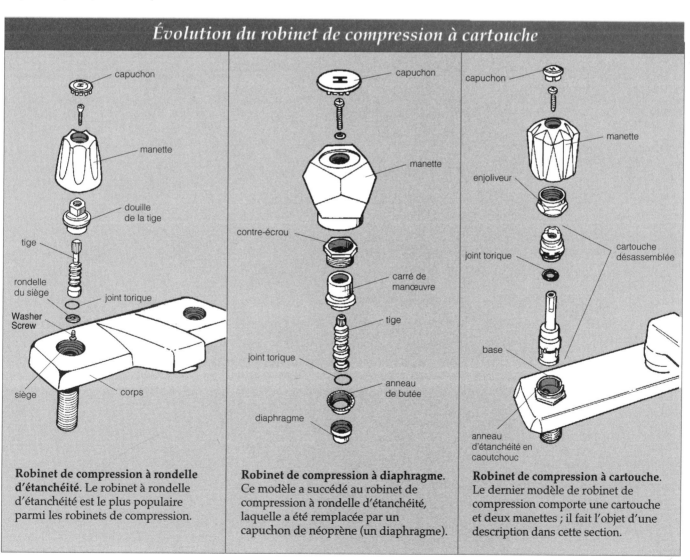

Évolution du robinet de compression à cartouche

capuchon
manette
douille de la tige
tige
rondelle du siège
joint torique
Washer Screw
siège
corps

capuchon
manette
contre-écrou
carré de manœuvre
tige
joint torique
anneau de butée
diaphragme

capuchon
manette
enjoliveur
joint torique
base
cartouche désassemblée
anneau d'étanchéité en caoutchouc

Robinet de compression à rondelle d'étanchéité. Le robinet à rondelle d'étanchéité est le plus populaire parmi les robinets de compression.

Robinet de compression à diaphragme. Ce modèle a succédé au robinet de compression à rondelle d'étanchéité, laquelle a été remplacée par un capuchon de néoprène (un diaphragme).

Robinet de compression à cartouche. Le dernier modèle de robinet de compression comporte une cartouche et deux manettes ; il fait l'objet d'une description dans cette section.

Réparation des robinets :
à cartouche et à levier

Désassemblage

Ce robinet à levier unique est plus difficile à réparer, notamment parce qu'on aperçoit mal la fixation qui retient la cartouche à l'intérieur du robinet, ce qui accroît le degré de difficulté au moment de l'enlever.

La difficulté tourne autour de l'agrafe qui retient la cartouche, laquelle se trouve soit à l'intérieur sous le levier, soit à l'extérieur du robinet.

Examinez de près l'extérieur du corps du robinet sous le levier pour y déceler une crête. Si vous en repérez une, il s'agit probablement de l'agrafe qui retient la cartouche (voir le schéma 1). À l'aide d'un tournevis et peut-être d'une pince, tentez de disjoindre ou de retirer l'agrafe (voir le schéma 2). Lorsque c'est chose faite, gauchissez ou soulevez la cartouche pour la dégager du robinet (voir le schéma 3). Désassemblez le levier et la cartouche.

S'il ne se trouve aucun orifice sur le corps du robinet, repérez la vis qui retient le levier (voir le schéma 4). Elle peut se trouver sous un capuchon que vous devrez disjoindre (voir le schéma 5). Par ailleurs, elle peut également se trouver à la base du levier ; il faudra donc soulever le levier pour pouvoir atteindre la vis (voir le schéma 6).

Lorsque le levier sera enlevé, vous apercevrez la cartouche. Un manchon décoratif se trouvera peut-être au-dessus de la cartouche (voir le schéma 7). Enlevez-le pour pouvoir atteindre l'agrafe de la cartouche. Disjoignez l'agrafe et retirez-la afin de pouvoir déloger la cartouche (voir le schéma 8).

Réparation

On effectue la réparation en remplaçant la cartouche. Vous trouverez la pièce de rechange dans une quincaillerie, un centre de rénovation domiciliaire ou chez un fournisseur de matériaux de construction qui tient votre marque de robinet.

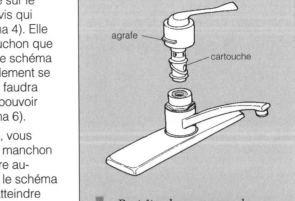

1 Peut-être devrez-vous enlever une agrafe afin de dégager la cartouche. La poignée est retenue à la cartouche par une vis, probablement une vis creuse à six pans.

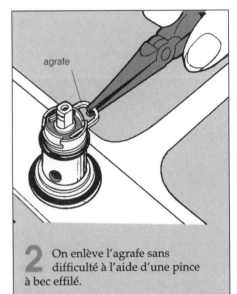

2 On enlève l'agrafe sans difficulté à l'aide d'une pince à bec effilé.

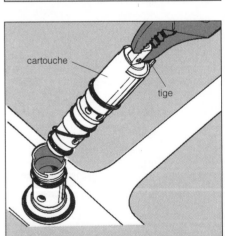

3 Saisissez la tige à l'aide d'une pince et retirez-la du corps du robinet. Remplacez la cartouche par une neuve.

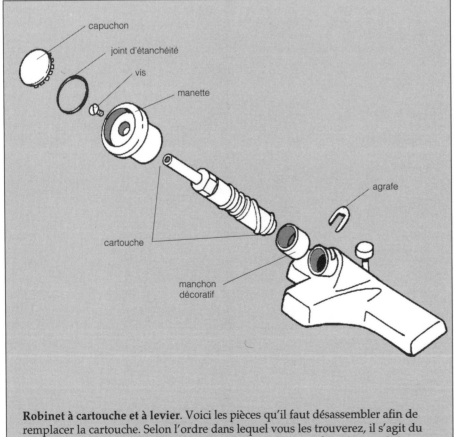

Robinet à cartouche et à levier. Voici les pièces qu'il faut désassembler afin de remplacer la cartouche. Selon l'ordre dans lequel vous les trouverez, il s'agit du capuchon, de la rondelle, d'une vis, de la manette, du manchon décoratif, de l'agrafe et enfin de la cartouche.

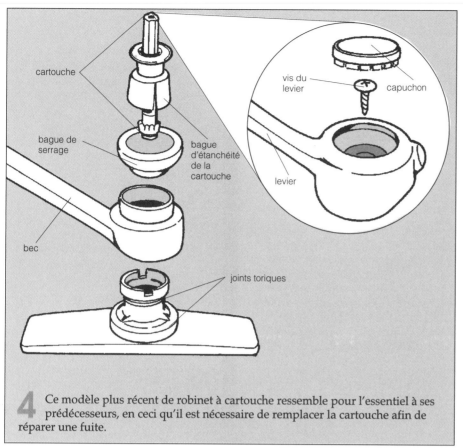

cartouche

bague de serrage

bec

bague d'étanchéité de la cartouche

joints toriques

vis du levier

capuchon

levier

4 Ce modèle plus récent de robinet à cartouche ressemble pour l'essentiel à ses prédécesseurs, en ceci qu'il est nécessaire de remplacer la cartouche afin de réparer une fuite.

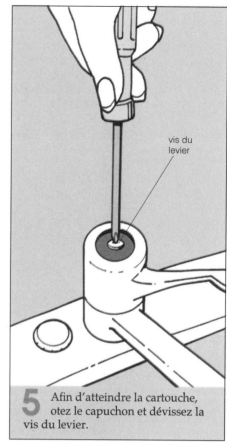

vis du levier

5 Afin d'atteindre la cartouche, otez le capuchon et dévissez la vis du levier.

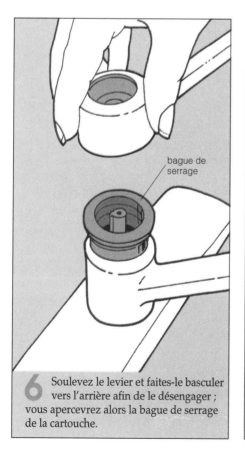

bague de serrage

6 Soulevez le levier et faites-le basculer vers l'arrière afin de le désengager ; vous apercevrez alors la bague de serrage de la cartouche.

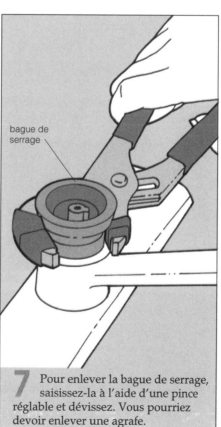

bague de serrage

7 Pour enlever la bague de serrage, saisissez-la à l'aide d'une pince réglable et dévissez. Vous pourriez devoir enlever une agrafe.

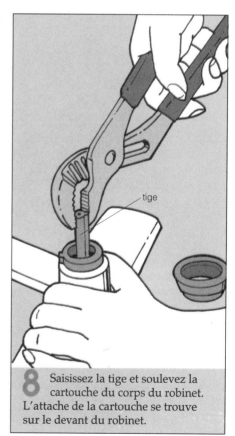

tige

8 Saisissez la tige et soulevez la cartouche du corps du robinet. L'attache de la cartouche se trouve sur le devant du robinet.

Réparation des robinets :
à partir de la base

Lorsque l'eau fuit à la base d'un robinet, cela signifie que le joint d'étanchéité ou le mastic de plombier s'est dégradé. Afin d'effectuer la réparation, il faut retirer le robinet de l'évier et refaire un joint d'étanchéité.

Retrait du robinet

Examinez les canalisations d'alimentation qui conduisent au robinet pour trouver les raccords qui unissent les tuyaux au robinet. À l'aide d'une clé réglable ou d'une clé pour lavabo, désassemblez ces raccords et détachez les canalisations du robinet (voir les schémas 1 et 2).

À l'aide de la clé, entourez l'un des écrous retenant le robinet à l'évier. Faites tourner la clé dans le sens contraire des aiguilles d'une montre afin de retirer l'écrou. Par la suite,

enlevez l'écrou qui se trouve de l'autre côté du robinet. Employez un lubrifiant si l'écrou est difficile à déloger à cause de la corrosion. Nettoyez tout excédent de lubrifiant (voir le schéma 3).

Si vous travaillez à un lavabo, débranchez l'obturateur à clapet (voir le schéma 4). Dégagez la tige de levage qui tient le levier en dévissant les manilles et défaites l'agrafe à ressort. Dévissez ensuite l'écrou de serrage et faites tourner la tige du pivot, le cas échéant, et détachez la tige de l'obturateur.

Si vous travaillez à un évier de cuisine, il faudra peut-être détacher le tuyau d'alimentation de la douchette (voir schéma 5). À présent que le robinet est dégagé des éléments auxquels il est habituellement raccordé, soulevez le robinet et le joint d'étanchéité (le cas échéant) du robinet (voir le schéma 6). Mettez le joint au rebut.

Étancher la base de l'évier

À l'aide d'un couteau à mastiquer, raclez les particules du joint d'étanchéité usagé ou le mastic de la base de l'évier et du robinet (voir le schéma 7). Ces deux surfaces doivent être propres.

Installez ensuite un nouveau joint d'étanchéité (voir le schéma 8) ou couvrez la base de mastic de plombier ou d'un agent d'étanchéité à base de silicone (voir le schéma 9).

Remettez le robinet en place et exercez une pression pour qu'il repose bien sur l'évier. Un trait de mastic ou de produit à base de silicone devrait sortir de la base (si vous employez ces produits).

Revissez les écrous au robinet. Raccordez les canalisations, l'obturateur à clapet ou le tuyau de la douchette. Découpez le surplus de mastic ou d'agent d'étanchéité à l'aide d'un couteau à lame rétractable, le cas échéant.

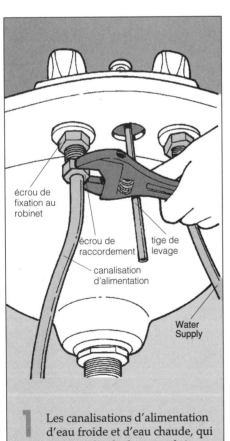

écrou de fixation au robinet

écrou de raccordement

tige de levage

canalisation d'alimentation

Water Supply

1 Les canalisations d'alimentation d'eau froide et d'eau chaude, qui sont réunies à l'aide de raccords à bague comprimée, peuvent être détachées du robinet avec une clé réglable.

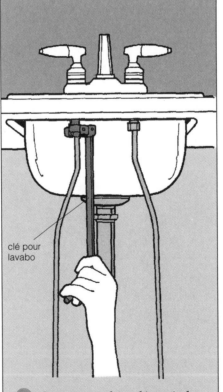

clé pour lavabo

2 Si vous avez du mal à atteindre les agrafes, servez-vous d'une clé pour lavabo. Vous pourrez ainsi disjoindre et resserrer les raccords que vous ne pouvez atteindre avec une clé réglable.

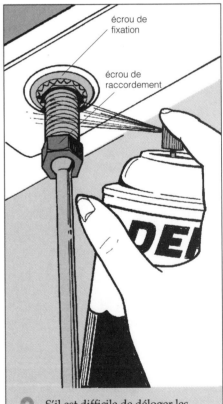

écrou de fixation

écrou de raccordement

3 S'il est difficile de déloger les écrous de fixation à cause de la corrosion, enduisez-les d'un lubrifiant pénétrant. Laissez le lubrifiant agir pendant quelques minutes avant d'essayer de desserrer les écrous.

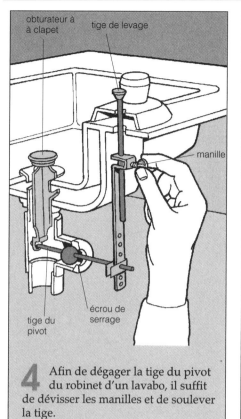

obturateur à
à clapet

tige de levage

manille

tige du
pivot

écrou de
serrage

4 Afin de dégager la tige du pivot du robinet d'un lavabo, il suffit de dévisser les manilles et de soulever la tige.

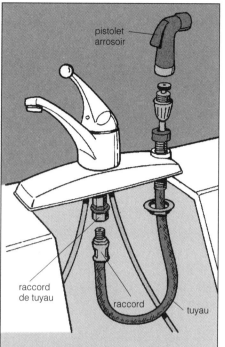

pistolet
arrosoir

raccord
de tuyau

raccord

tuyau

5 Pour bon nombre de modèles d'évier, il faut dégager le tuyau de la douchette du robinet. Pour ce faire, il suffit de dévisser l'écrou de raccordement de l'aiguille de l'orifice de pulvérisation du robinet.

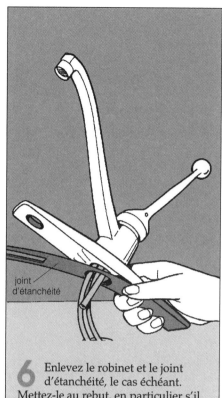

joint
d'étanchéité

6 Enlevez le robinet et le joint d'étanchéité, le cas échéant. Mettez-le au rebut, en particulier s'il est abîmé.

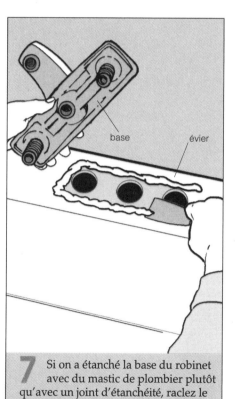

base

évier

7 Si on a étanché la base du robinet avec du mastic de plombier plutôt qu'avec un joint d'étanchéité, raclez le mastic de la surface contiguë de l'évier et du robinet. Ces deux surfaces doivent être propres.

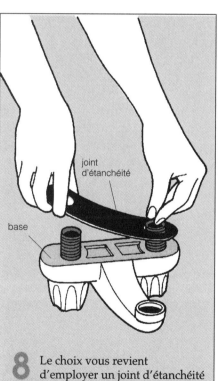

joint
d'étanchéité

base

8 Le choix vous revient d'employer un joint d'étanchéité (voir le schéma), du mastic de plombier ou un agent d'étanchéité au silicone (voir la prochaine étape).

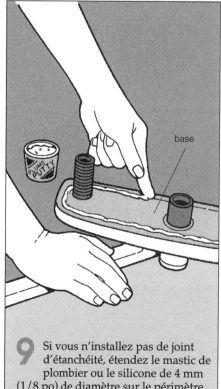

base

9 Si vous n'installez pas de joint d'étanchéité, étendez le mastic de plombier ou le silicone de 4 mm (1/8 po) de diamètre sur le périmètre de la base du robinet. Remettez le robinet en place et enlevez tout excédent de produit.

Réparation de la douchette

Si la douchette de l'évier pulvérise peu ou pas d'eau, regardez sous l'évier si le tuyau qui relie le robinet à la douchette est en ligne continue (voir le schéma 1). S'il est déformé ou faussé, l'eau ne peut pas parvenir à la tête de pulvérisation. Vous devrez peut-être débrancher le tuyau afin de le remettre en place comme il se doit (voir le schéma 2). Si le tuyau est bien placé, il se peut que la tête de pulvérisation de la douchette soit obstruée (voir le schéma 3).

Dévissez le pistolet arrosoir et rincez-le, faites-le tremper dans du vinaigre ou employez une tige de métal pour désobstruer ses orifices (voir le schéma 4). Si vous n'y parvenez pas, vous devrez en acheter un neuf. Afin de nettoyer les autres éléments du pistolet arrosoir, ouvrez l'eau et appuyez sur la gâchette du pistolet avant de le remettre en place.

Si aucun de ces trucs ne parvient à désobstruer les orifices du pistolet, dévissez l'écrou du bec de robinet à l'aide d'une pince réglable. N'oubliez pas de protéger l'écrou en le couvrant d'abord de ruban isolant. Enlevez le bec et soulevez ou dévissez l'inverseur du robinet (voir les schémas 5 et 6).

Ouvrez lentement le robinet d'eau chaude ou froide, de sorte que l'eau sorte de l'orifice de raccordement de l'inverseur. Vous évacuerez ainsi les saletés qui peuvent entraver le fonctionnement de l'inverseur.

Nettoyez l'inverseur à l'aide d'une brosse trempée dans du vinaigre (voir le schéma 7) ; remettez l'inverseur et le bec de robinet en place. Faites l'essai du pistolet arrosoir. Si l'eau ne s'en écoule pas plus, remplacez l'inverseur.

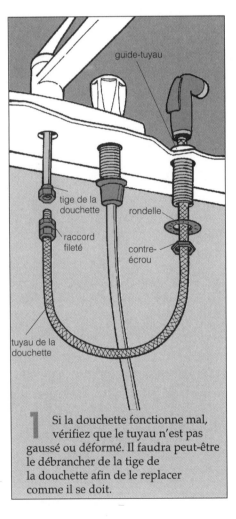

1 Si la douchette fonctionne mal, vérifiez que le tuyau n'est pas gaussé ou déformé. Il faudra peut-être le débrancher de la tige de la douchette afin de le replacer comme il se doit.

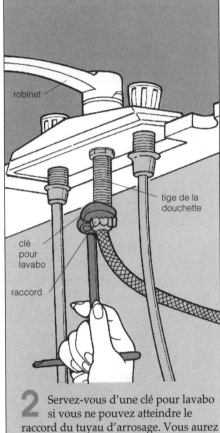

2 Servez-vous d'une clé pour lavabo si vous ne pouvez atteindre le raccord du tuyau d'arrosage. Vous aurez ainsi une meilleure marge de manœuvre que si vous vous serviez d'une clé réglable ou à fourche.

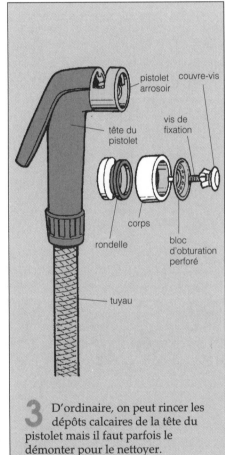

3 D'ordinaire, on peut rincer les dépôts calcaires de la tête du pistolet mais il faut parfois le démonter pour le nettoyer.

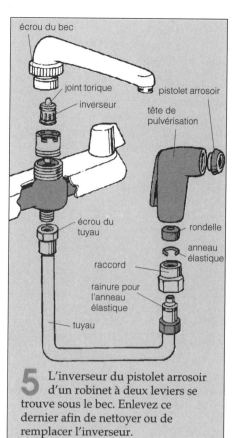

écrou du bec

joint torique

inverseur

pistolet arrosoir

tête de
pulvérisation

rondelle de
pulvérisation

écrou du
tuyau

rondelle

anneau
élastique

raccord

rainure pour
l'anneau
élastique

tuyau

4 Faites tremper les différents éléments dans du vinaigre pendant quelques heures ou employez un fil de métal pour déloger les dépôts minéraux qui obstrueraient les orifices de la rondelle de pulvérisation.

5 L'inverseur du pistolet arrosoir d'un robinet à deux leviers se trouve sous le bec. Enlevez ce dernier afin de nettoyer ou de remplacer l'inverseur.

Nettoyage d'un aérateur

Un aérateur est vissé à la sortie de tout bec de robinet d'évier et de lavabo afin d'atténuer la force du jet d'eau (voir le schéma supérieur). Un jet d'eau moins puissant peut signaler l'engorgement de l'aérateur.

Il n'est pas difficile d'enlever l'aérateur d'un bec de robinet mais il faut user de précaution pour ne pas l'abîmer. Si vous ne parvenez pas à le dévisser à la main, couvrez de ruban isolant les mâchoires d'une pince, saisissez l'aérateur à l'aide de l'outil et faites-le tourner dans le sens contraire des aiguilles d'une montre afin de le disjoindre. Pour terminer, dévissez-le à la main.

Rincez le grillage de l'aérateur pour en déloger le dépôt calcaire (voir le schéma inférieur). Si après cela l'eau ne coule pas mieux, remplacez l'aérateur. Vissez-le à la main jusqu'à ce qu'il soit bien serré.

inverseur

inverseur

6 D'ordinaire, l'inverseur du pistolet d'un robinet à levier unique se trouve sur le devant ou à l'arrière du corps du robinet. Vous devrez probablement démonter le robinet pour pouvoir l'atteindre.

7 Lorsque vous avez retiré l'inverseur du corps du robinet, nettoyez-le à l'aide d'une brosse trempée dans du vinaigre. Si cela ne change rien, vous devez remplacer l'inverseur.

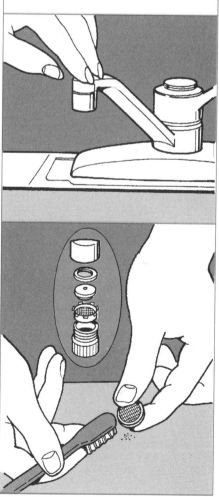

Réparation des robinets :
fuite à la base du bec

Désassemblage

Si l'eau fuit à la base d'un bec orientable comme on en voit aux éviers de cuisine et dans les locaux d'entretien, il faut desserrer l'écrou tournant qui retient le bec au robinet (voir le schéma 1). Employez pour ce faire une pince réglable mais couvrez ses mâchoires de ruban isolant pour ne pas rayer l'écrou. Dévissez l'écrou et dégagez le bec.

Réparation

Un joint torique devrait se trouver autour du filetage du bec. Enlevez le joint torique à l'aide de la pointe d'un couteau ou d'une pointe à tracer (voir le schéma 2). Procurez-vous un joint de rechange de la même taille. Étendez une fine couche de gelée de pétrole ou de graisse qui résiste à la chaleur sur le joint et mettez-le en place sur le bec. Les schémas 3, 4 et 5 illustrent différents modèles.

Remontage

Revissez à la main le bec au robinet jusqu'à ne plus pouvoir faire tourner l'écrou tournant. Évitez de fausser le filetage de l'écrou et de son siège à l'intérieur du robinet. À l'aide d'une pince réglable, faites faire un huitième de tour supplémentaire à l'écrou tournant (voir le schéma 6). Ouvrez l'eau. Si le bec du robinet fuit, resserrez l'écrou d'un autre huitième de tour jusqu'à ce que la fuite soit colmatée.

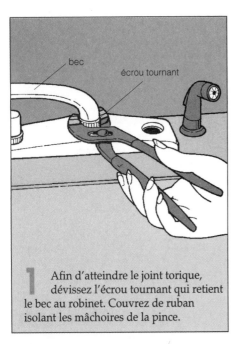

bec
écrou tournant

1 Afin d'atteindre le joint torique, dévissez l'écrou tournant qui retient le bec au robinet. Couvrez de ruban isolant les mâchoires de la pince.

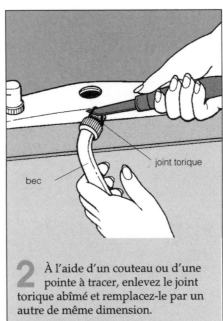

joint torique
bec

2 À l'aide d'un couteau ou d'une pointe à tracer, enlevez le joint torique abîmé et remplacez-le par un autre de même dimension.

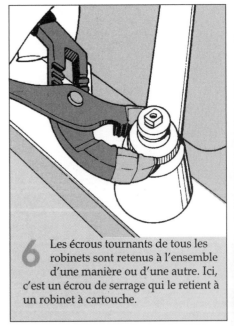

joints toriques

3 Lorsque l'eau en fuit, il faut remplacer le joint torique d'un bec orientable neuf (ici et sur les schémas suivants).

heat protec grease

joint torique

4 Vous pouvez trancher les joints toriques abîmés d'un robinet orientable à l'aide d'un couteau bien aiguisé. Avant d'installer de nouveaux joints toriques, enduisez-les d'un lubrifiant qui résiste à la chaleur.

5 Nettoyez les dépôts calcaires à l'intérieur de l'enjoliveur à l'aide d'une laine d'acier fine, d'un papier de verre ou en le faisant tremper dans du vinaigre. Remettez le bec en place sur le corps du robinet.

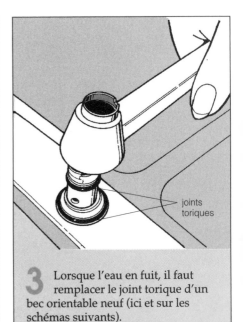

6 Les écrous tournants de tous les robinets sont retenus à l'ensemble d'une manière ou d'une autre. Ici, c'est un écrou de serrage qui le retient à un robinet à cartouche.

Réparation de conduites d'alimentation qui fuient

Les colonnes montantes qui vont des conduites d'alimentation d'eau chaude et froide aux robinets fuient parfois. Si elles sont dotées de soupapes d'arrêt, la réparation s'effectuera sans difficulté.

Si vous repérez la fuite autour de l'écrou qui raccorde la conduite d'alimentation au bout de la soupape d'arrêt, fermez cette dernière.

À l'aide d'une clé réglable, dévissez l'écrou qui raccorde la conduite au bout de la soupape. Faites glisser l'écrou le long de la conduite et dégagez délicatement la conduite de son siège jusqu'à ce que la bague d'extrémité (souvent en laiton) soit visible.

La bague d'extrémité assure l'étanchéité entre la conduite d'eau et la canalisation d'alimentation. Si cette bague est abîmée, l'anneau d'étanchéité est rompu et l'eau fuira autour de l'écrou.

Entourez la bague d'extrémité de ruban pour joints filetés. Réintroduisez

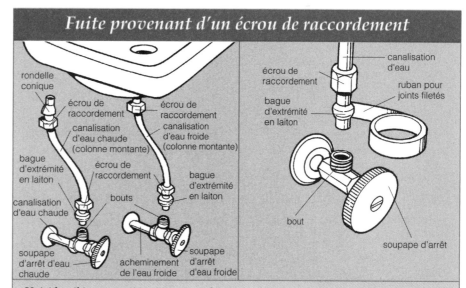

Fuite provenant d'un écrou de raccordement

Voici les éléments qui interviennent lorsqu'on répare une canalisation d'eau chaude ou froide qui fuit (à gauche). Souvent, il est possible de réparer une fuite autour de l'écrou qui raccorde une conduite de métal au bout d'une soupape à l'aide de ruban pour joints filetés (à droite).

l'extrémité de la conduite dans le bout, de sorte que la bague d'extrémité soit solidement en place. Par la suite, faites tourner l'écrou d'un demi-tour à l'aide de la clé réglable.

Ouvrez les soupapes d'arrêt, faites couler l'eau et vérifiez si la fuite est colmatée. Dans le cas contraire, serrez davantage l'écrou à l'aide de la clé ajustable jusqu'à ce que l'eau ne fuie pas.

Remplacement d'un tuyau d'alimentation en eau

Lorsqu'un tuyau d'alimentation en eau fuit, il faut le remplacer par un tuyau en acier inoxydable tressé flexible.

1. Fermez les soupapes d'arrêt. Dévissez les écrous qui réunissent le tuyau au raccord de vidange du robinet. Si vous avez du mal à atteindre l'écrou du raccord de vidange, servez-vous d'une clé pour lavabo (voir ci-dessous).

2. Lorsque les écrous sont enlevés, tracez le contour des extrémités du tuyau, enlevez-le et mettez-le au rebut.

3. Entourez de ruban pour joints filetés le filetage mâle du raccord de vidange du robinet et celui du bout de la soupape d'arrêt. Employez de la pâte à joint à base de téflon si vous préférez. Enduisez le filetage d'une fine couche de pâte.

4. Introduisez les extrémités du tuyau en acier tressé dans leurs sièges respectifs, vissez les écrous à la main (ci dessous à droite) et faites-leur faire un demi-tour à l'aide d'une clé pour les serrer davantage.

5. Faites couler l'eau et voyez s'il y a une fuite. Le cas échéant, fixez la clé à l'écrou et faites-la tourner de quelques degrés à la fois, jusqu'à ce que la fuite soit colmatée.

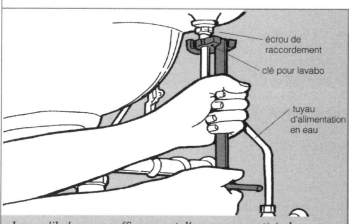

Lorsqu'il n'y a pas suffisamment d'espace pour atteindre un écrou de raccordement, employez une clé pour lavabo.

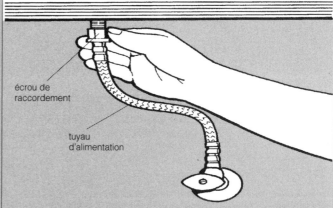

Introduisez les extrémités du tuyau en acier tressé dans leurs sièges respectifs et vissez les écrous de raccordement.

Réparation d'un évier de porcelaine émaillée

Afin de réparer un évier de porcelaine ébréchée, procurez-vous un produit vendu à cet effet ainsi que de la peinture alkyde assortie à la couleur de l'évier.

1. Poncez la surface ébréchée ou écaillée à l'aide d'une toile émeri au grain moyen. Faites disparaître les traces de savon et de rouille mais ne poncez pas au-delà de la surface abîmée. Nettoyez la surface à l'aide d'un chiffon imbibé d'alcool à friction. Laissez s'évaporer l'alcool avant d'appliquer le produit de réparation.

2. Mélangez le produit de réparation à de la peinture alkyde très lustrée. Versez-en une petite quantité à la fois jusqu'à ce que la couleur approche le plus possible celle de la porcelaine de l'évier.

3. Déposez une petite quantité de ce produit sur une lame de rasoir à simple tranchant et appliquez-le sur la surface abîmée. Raclez l'excédent de sorte que le produit affleure la surface qui l'entoure.

4. Lorsque l'emplâtre a séché, trempez un coton-tige dans du dissolvant à vernis à ongles et enlevez l'excédent de produit qui maculerait la porcelaine.

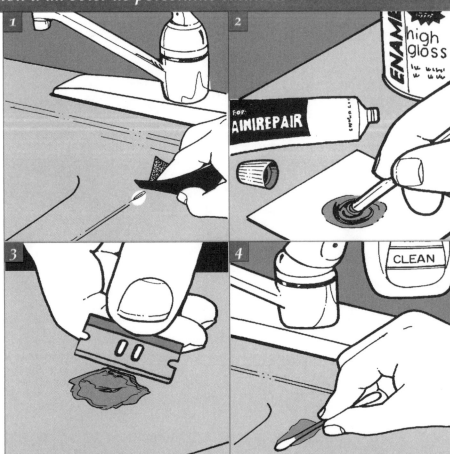

Étancher la jointure entre l'évier et le comptoir

À l'aide d'une brosse, faites disparaître le vieux calfeutre et nettoyez la jointure avec un chiffon imbibé d'alcool à friction.

1. Posez une bande de ruban-cache de 1 cm (1/2 po) d'épaisseur sur le rebord et tout autour de l'évier afin de protéger les surfaces. Le bord du ruban doit se trouver juste au-dessus du joint formé par le rebord de l'évier et le comptoir.

2. Taillez l'embout d'un tube de calfeutre à base de silicone de manière à en exprimer le plus petit colombin qui soit. Faites le tour de l'évier en déposant un colombin de calfeutre dans la jointure. Ensuite, trempez un doigt dans l'eau et passez-le sur le colombin pour en lisser la surface.

3. Laissez sécher le calfeutre pendant plusieurs heures. Retirez précautionneusement le ruban cache et, à l'aide d'une lame de rasoir à simple tranchant, raclez les bavures de silicone sur la porcelaine.

4. Prenez un couteau à mastiquer pour racler le calfeutre qui maculerait le comptoir.

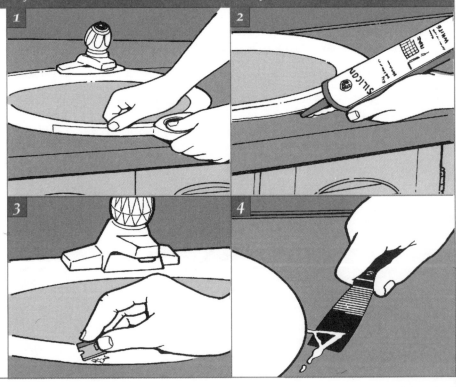

CUVETTES

La toilette est constituée de plusieurs éléments qui peuvent par conséquent occasionner autant de problèmes. Une toilette défectueuse peut couler sans cesse ou chasser l'eau d'elle-même. La cuvette ou le réservoir peut fuir. Une simple réparation peut parfois résoudre le problème alors qu'en d'autres situations, il faudra remplacer un ou plusieurs éléments de l'ensemble.

Anatomie d'une toilette

La plupart des toilettes que l'on trouve dans les résidences sont composées d'un réservoir et d'une cuvette dont la base est fixée au sol. Le réservoir et la cuvette d'une toilette peuvent être distincts comme ils peuvent être intégrés pour ne former qu'un seul élément.

Lorsqu'on tire la chasse d'eau d'une toilette rappelée par gravité, cette dernière entraîne l'eau du réservoir jusqu'à la cuvette. Un tel pompage d'eau crée un siphon qui chasse le contenu de la cuvette vers le tuyau d'évacuation.

Les mécanismes à l'intérieur du réservoir veillent à son réapprovisionnement en eau ou au pompage de l'eau vers la cuvette.

Système de prise d'eau

Le système de prise d'eau est composé d'une colonne montante raccordée à une soupape de prise d'eau et à un flotteur. La ligne de prise d'eau est raccordée à une soupape d'arrêt.

La soupape de prise d'eau s'appelle également robinet à flotteur. L'un des modèles les plus anciens est fait d'un assemblage de laiton ou de plastique muni d'un plongeur qui contrôle l'écoulement de l'eau dans le réservoir. Le plongeur est contrôlé par un flotteur, sorte de boule de plastique creuse.

Un modèle de toilette plus récent est doté d'un flotteur intégré à la soupape de la prise d'eau ; il s'agit alors d'un robinet à flotteur. Un autre est exempt de flotteur et intègre un composé sensible à la pression qui réagit lorsque le niveau d'eau se trouve sous celui que l'on a prédéfini.

Seules deux avenues sont possibles lorsqu'une toilette est dotée de ce genre de robinet à flotteur : soit on réduit ou on augmente le niveau d'eau dans le réservoir en tournant la vis de réglage respectivement dans le sens contraire des aiguilles d'une montre ou dans le sens horaire, soit on remplace tout l'assemblage si le robinet à flotteur ne contrôle pas l'arrivée d'eau comme il le devrait. Installez toujours un robinet à flotteur anti-siphonnement qui empêchera l'eau du réservoir de se déverser dans l'approvisionnement en eau potable, advenant qu'un vide provoque une succion dans les canalisations.

Système de sortie d'eau

Le système de sortie d'eau qui se trouve à l'intérieur du réservoir est composé d'une soupape de chasse (une boule de caoutchouc ou un clapet) qui prend appui sur une grande ouverture que l'on appelle siège de la soupape de chasse.

Le tube de trop-plein est un autre composé important de ce système ; il permet à l'eau de sortir du réservoir pour se rendre dans la cuvette si le robinet à flotteur ne se ferme pas.

La cuvette

L'eau qui sort du réservoir se rend à la cuvette en franchissant bon nombre de petits orifices sous la bordure de la cuvette et une plus grande que l'on appelle orifice du siphon à jet. La vélocité de l'eau chasse le contenu de la cuvette dans la jambe montante du siphon de manière à emplir ce dernier et à amorcer une action qui conduira le contenu vers le tuyau d'évacuation. L'eau qui se trouve dans la cuvette empêche le gaz d'égout de refluer vers la salle de bains.

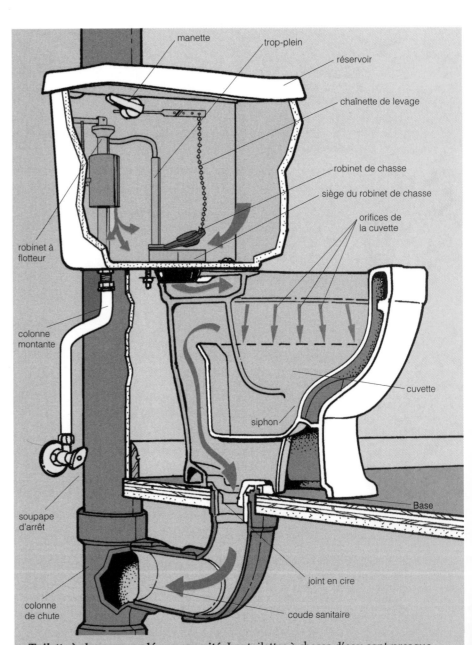

Toilette à chasse rappelée par gravité. Les toilettes à chasse d'eau sont presque toutes semblables, bien que quelques variantes distinguent certaines de leurs pièces. On voit ci-dessus un robinet à flotteur dont le modèle compte parmi les plus anciens.

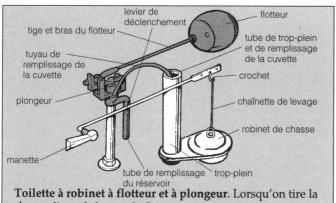

Toilette à robinet à flotteur et à plongeur. Lorsqu'on tire la chasse d'eau, le bras et le flotteur engagent une descente, dégageant ainsi l'ouverture de la prise d'eau en laiton.

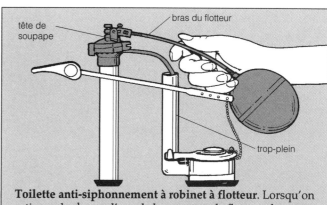

Toilette anti-siphonnement à robinet à flotteur. Lorsqu'on actionne la chasse d'eau, le bras engage le flotteur dans une descente, ouvrant alors le diaphragme de caoutchouc de la prise d'eau dans la tête de soupape.

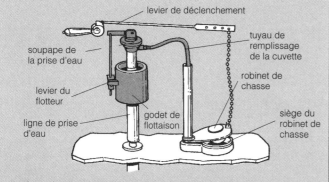

Toilette à godet de flottaison et à robinet à flotteur. Lorsqu'on tire la chasse d'eau, le flotteur glisse le long du robinet et soulève un diaphragme de la prise d'eau.

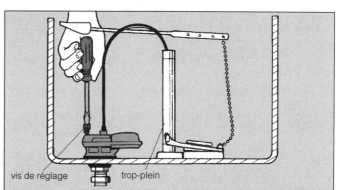

Toilette à robinet à flotteur sensible à la pression. Lorsqu'on tire la chasse d'eau, le robinet à flotteur détecte que le niveau de l'eau a baissé sous le niveau préréglé et ouvre alors la prise d'eau.

Remplacement du siège d'une cuvette

Suivez les indications suivantes pour enlever un siège de cuvette qui a connu des jours meilleurs :

1. Abaissez le siège et le couvercle.

2. Le cas échéant, disjoignez les capuchons qui couvrent les boulons qui tiennent le siège à la cuvette (voir le schéma ci-contre).

3. Saisissez l'écrou qui se trouve sous la cuvette, dévissez-le et enlevez cette attache. Faites de même de l'autre côté. Soulevez le siège et dégagez-le (voir le schéma à l'extrême droite).

4. Lavez et asséchez le bord de la cuvette avant d'installer le nouveau siège. Vissez les écrous à la force de vos doigts et ajoutez un demi-tour à l'aide d'une clé. Ne les serrez pas trop car ils risqueraient de fendre.

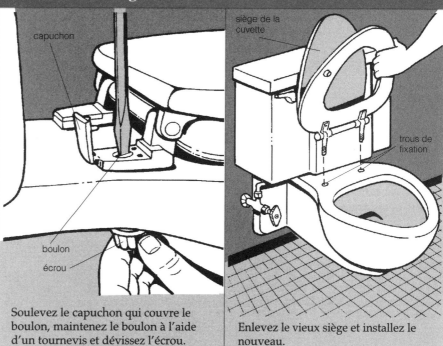

Soulevez le capuchon qui couvre le boulon, maintenez le boulon à l'aide d'un tournevis et dévissez l'écrou.

Enlevez le vieux siège et installez le nouveau.

Écoulement de l'eau dans la cuvette ou les chasses sporadiques

Lorsque l'eau s'écoule lentement dans la cuvette, il faut en chercher la cause du côté du robinet de chasse dont la balle de caoutchouc ou le clapet est probablement abîmé. L'écoulement provient parfois de ce que le siège du robinet de chasse est embourbé de saletés qui empêchent la balle ou le clapet de prendre appui comme il se doit. Il se peut également que la balle soit mal alignée.

Les chasses d'eau sporadiques laissent l'impression que la chasse d'eau s'actionne d'elle-même. Cette brève montée d'eau à l'intérieur de la cuvette est provoquée par un robinet de chasse défectueux.

Entretien du siège du robinet de chasse

Tirez la chasse d'eau après avoir fermé la soupape d'arrêt. Épongez l'eau qui reste avec une éponge de bonne taille. Nettoyez le siège du robinet de chasse à l'aide de chiffons ou d'essuie-tout afin d'en faire disparaître les sédiments. Si les dépôts sont difficiles à déloger, servez-vous d'une laine d'acier fine si le siège est en laiton ou d'un tampon servant à récurer les ustensiles de cuisine enduits de vinyle si le siège est en plastique.

Remplacement du robinet à clapet

Si votre toilette est munie d'un robinet à clapet, détachez sa chaînette du levier de la manette. Remarquez à quel trou du levier la chaînette est fixée. Si le clapet est fixé à des crans du trop-plein, détachez-le également. S'il est posé sur le dessus du trop-plein, faites-le glisser. Installez le nouveau robinet à clapet de la même manière.

Remise en place de la balle de caoutchouc

Dévissez la tige de levage de la balle de caoutchouc du robinet de chasse. Si la tige est courbée, redressez-la ou remplacez-la par une autre. Déposez la balle de caoutchouc dans le siège du robinet de chasse. Disjoignez la vis du guide de la tige et tournez-la jusqu'à ce que la tige se trouve au-dessus de la balle de caoutchouc. Resserrez le guide de la tige et vissez la tige de levage à la balle de caoutchouc. Prenez garde de courber la tige de levage. Si cette mesure ne parvient pas à mettre fin à l'écoulement d'eau dans la cuvette, il faudra remplacer la balle. Soulevez cette dernière du siège du robinet de chasse et dévissez-la de la tige de levage. Vissez la nouvelle balle et réglez sa position.

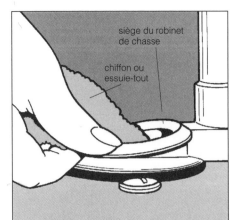

Entretien du siège du robinet de chasse. La première chose à faire pour mettre fin à l'écoulement d'eau dans la cuvette est de nettoyer le siège du robinet de chasse.

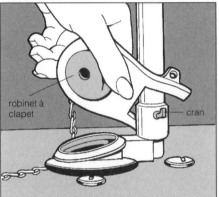

robinet à clapet

cran

Remplacement du robinet à clapet. Détachez le vieux clapet des crans du trop-plein (comme sur le schéma) ou faites-le glisser le long du trop-plein.

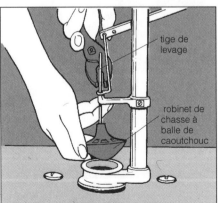

tige de levage

robinet de chasse à balle de caoutchouc

Remise en place de la balle de caoutchouc. Vérifiez que la balle de caoutchouc tombe carrément dans le siège du robinet de chasse. Remplacez une balle défectueuse en la dévissant de la tige de levage.

Remplacement du siège d'un robinet de chasse

1. Fermez le robinet de chasse, tirez la chasse d'eau, épongez l'eau qui resterait au fond de la cuvette et débranchez le tuyau d'alimentation en eau.

2. S'il s'agit d'une toilette constituée de deux éléments, dévissez les écrous des boulons qui retiennent la cuvette et le réservoir. Pulvérisez un lubrifiant sur les écrous pour les dégager s'ils sont coincés.

3. Soulevez le réservoir de la cuvette et posez-le à l'envers. Prenez garde de le fissurer. Enlevez la grande rondelle qui entoure l'ouverture filetée. À l'aide d'une clé à mâchoires disjoignez et enlevez l'écrou d'ancrage qui retient le trop-plein au réservoir (voir le schéma du haut). La plupart des toilettes sont conçues de telle sorte que le siège du robinet de chasse est intégré à ce tube.

4. Posez le réservoir à l'endroit et enlevez le trop-plein. S'il est très corrodé, remplacez-le. Si la rondelle est abîmée, remplacez-la également.

5. Posez une nouvelle rondelle autour du filetage du trop-plein et introduisez l'extrémité filetée du tube dans l'ouverture du réservoir. Assujettissez cette extrémité à l'aide d'un écrou d'ancrage. Mettez une nouvelle rondelle en place et remettez le réservoir sur la cuvette.

clé à mâchoires

rondelle

siège du robinet de chasse

trop-plein

Écoulement incessant de l'eau dans la cuvette

Lorsque l'eau coule constamment dans la cuvette, remuez la manette de la chasse d'eau pour tenter de la déloger du robinet de chasse (balle de caoutchouc ou clapet). Si cela ne change rien, c'est que le flotteur est mal réglé ou abîmé.

Réparation de l'assemblage du levier

Si le fait de secouer la manette de la chasse d'eau interrompt la circulation de l'eau, l'assemblage de la poignée est probablement coincé en raison d'un dépôt minéral à l'intérieur du mécanisme.

Fermez le robinet de chasse d'eau et tirez la chasse. À l'aide d'une clé réglable, desserrez l'écrou qui retient la manette à la paroi intérieure du réservoir. Nettoyez les dépôts calcaires sur le filetage du mécanisme de la manette à l'aide d'une brosse métallique trempée dans du vinaigre. Rincez à grande eau.

Par après, revissez solidement l'écrou. Si cela ne change rien, il faut alors vérifier la tige ou la chaînette de levage.

Si l'assemblage du levier sert à soulever un robinet de chasse en caoutchouc, il est doté d'une tige de levage. Si la tige inférieure est courbée, dévissez la balle de caoutchouc, faites glisser la tige intérieur pour la déloger de la tige supérieure et redressez-la ou remplacez-la.

Si l'assemblage du levier est doté d'une chaînette pour soulever un robinet à clapet du siège du robinet de chasse, la chaînette est probablement trop molle. Détachez la chaînette du trou où elle se trouve sur le levier et raccourcissez-la afin qu'elle soit moins détendue. Elle devrait avoir 1 cm (1/2 po) de jeu. Si la chaînette est trop longue, servez-vous d'une pince à bec effilé pour la raccourcir.

Entretien du flotteur

Si le fait de secouer la manette n'interrompt pas l'entrée d'eau dans la cuvette, c'est que le flotteur est trop bas et empêche la fermeture du robinet de chasse. Il se peut que le flotteur soit mal réglé ou qu'il soit trop lourd. Un flotteur peut devenir trop lourd lorsqu'un trou se forme à sa surface par lequel l'eau s'infiltre à l'intérieur. Dans un cas comme dans l'autre, il s'ensuit que le flotteur ne monte pas suffisamment pour permettre la fermeture du robinet de chasse d'eau.

L'eau montera au-dessus du trop-plein, y pénétrera et parviendra à la cuvette. Si vous soulevez le couvercle du réservoir, vous verrez de quoi il retourne. Vissez le flotteur à la tige filetée qui le retient et actionnez la chasse d'eau. L'eau monte-t-elle encore au-dessus du trop-plein et pénètre-t-elle dans le tube de remplissage de la cuvette? Le cas échéant, fermez le robinet de chasse et tirez la chasse d'eau. Dévissez le flotteur et remplacez-le.

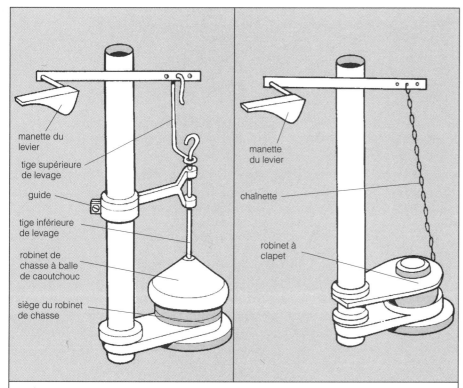

manette du levier
tige supérieure de levage
guide
tige inférieure de levage
robinet de chasse à balle de caoutchouc
siège du robinet de chasse

manette du levier
chaînette
robinet à clapet

Réparation de l'assemblage de la manette. Si la tige de levage est courbée, le robinet de chasse à balle de caoutchouc ne peut s'appuyer carrément sur le siège du robinet de chasse (à gauche). La chaînette d'un robinet à clapet devrait avoir 1 cm (1/2 po) de jeu. Si la chaînette est trop lâche, raccourcissez-la en la faisant passer dans un autre trou.

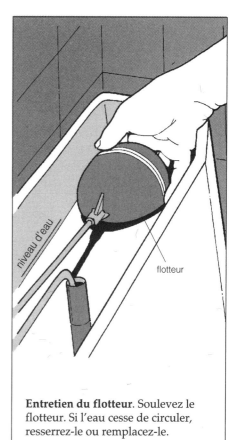

niveau d'eau
flotteur

Entretien du flotteur. Soulevez le flotteur. Si l'eau cesse de circuler, resserrez-le ou remplacez-le.

Écoulement incessant de l'eau dans le réservoir

Entretien du flotteur

Reportez-vous à la page 33 pour connaître la façon de faire.

Entretien du robinet à flotteur

Le mode de réparation d'un robinet à flotteur dépend de son modèle. Dans tous les cas, lorsque vous remontez un robinet à flotteur, nettoyez les sédiments de la prise d'eau à l'aide d'un tampon de nylon avant d'installer le plongeur. Pour procéder à l'entretien de ce type de robinet, fermez d'abord l'alimentation en eau et tirez la chasse d'eau.

1 Robinet à flotteur standard en laiton. Dévissez l'écrou à oreilles ou la vis qui retient la tige de flottaison au robinet à flotteur et enlevez la tige et le flotteur. Disjoignez le plongeur et retirez-le.

Emportez le plongeur chez un quincaillier ou un marchand de matériaux de plomberie afin de voir s'il tient des joints d'étanchéité ou des plongeurs neufs. Le cas échéant, achetez l'un ou l'autre et refaites l'assemblage.

2 Robinet à flotteur standard en plastique. Retirez les vis qui retiennent le dessus du robinet à flotteur et soulevez-le pour le sortir. S'il est corrodé ou fissuré par endroits, remplacez-le. Si ses composants semblent en bon état, remplacez les joints d'étanchéité du plongeur et le diaphragme par des neufs si vous en trouvez chez un fournisseur.

3 Robinet à flotteur de plastique. Si le robinet est muni d'un flotteur de plastique rond qui l'encercle, soulevez le capuchon du robinet, appuyez sur le plongeur et tournez-le afin de le soulever. Si ses composants semblent en bon état, enlevez le joint d'étanchéité à l'intérieur du plongeur et remplacez-le.

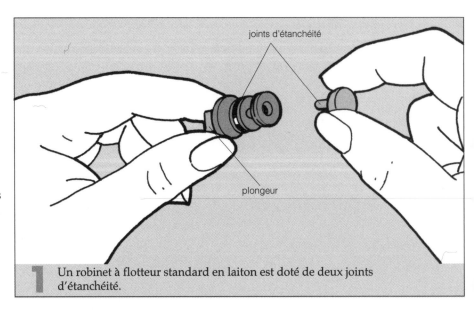

1 Un robinet à flotteur standard en laiton est doté de deux joints d'étanchéité.

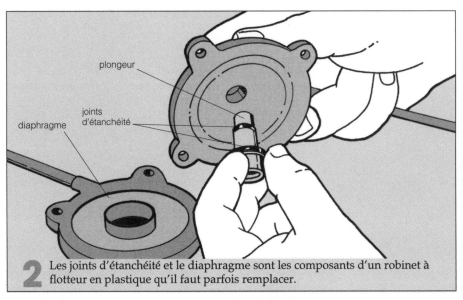

2 Les joints d'étanchéité et le diaphragme sont les composants d'un robinet à flotteur en plastique qu'il faut parfois remplacer.

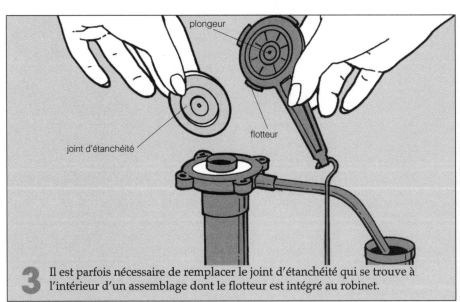

3 Il est parfois nécessaire de remplacer le joint d'étanchéité qui se trouve à l'intérieur d'un assemblage dont le flotteur est intégré au robinet.

Assemblage d'un robinet à flotteur

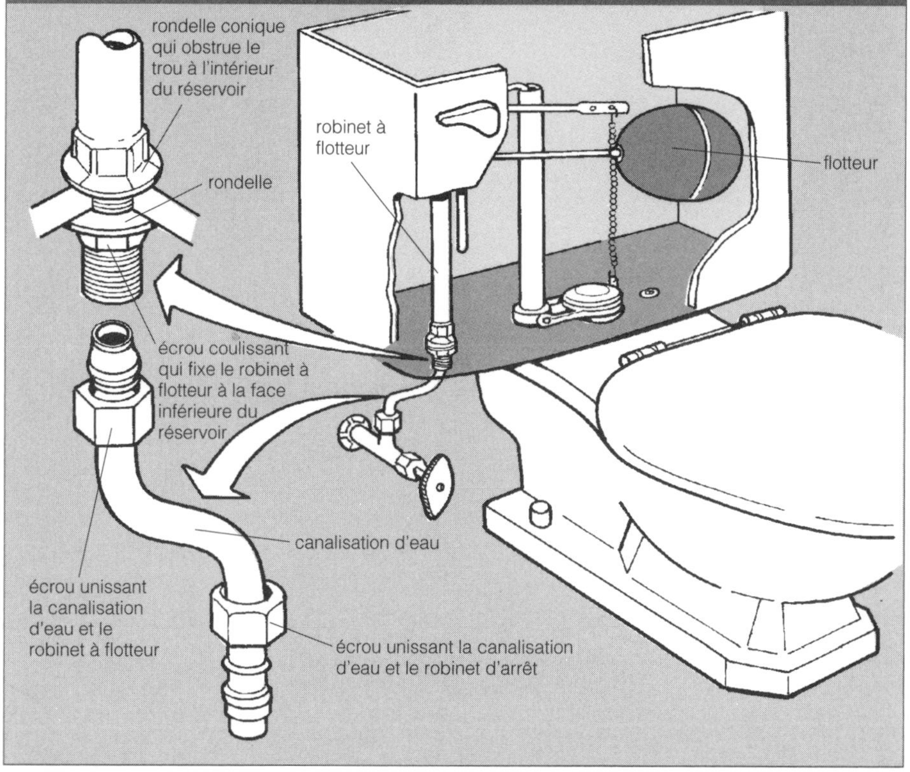

- rondelle conique qui obstrue le trou à l'intérieur du réservoir
- robinet à flotteur
- flotteur
- rondelle
- écrou coulissant qui fixe le robinet à flotteur à la face inférieure du réservoir
- canalisation d'eau
- écrou unissant la canalisation d'eau et le robinet à flotteur
- écrou unissant la canalisation d'eau et le robinet d'arrêt

Tige de flotte et tube de remplissage de la cuvette

- flotteur
- tige de flotte
- tube de remplissage de la cuvette
- trop-plein et tube de remplissage

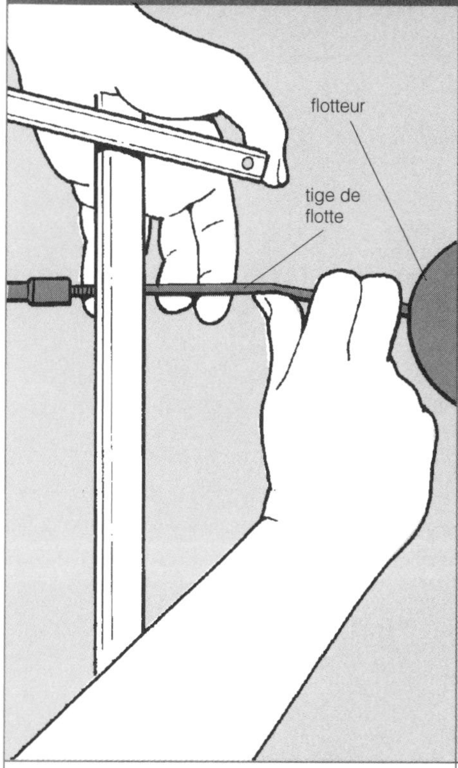

S'il faut régler le niveau du flotteur, courbez délicatement la tige de flotte ou réglez les vis du robinet à flotteur.

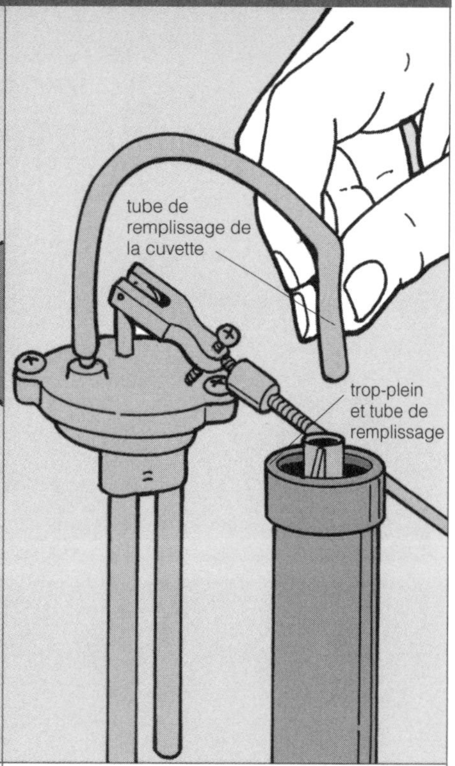

Fixez le tube de remplissage au robinet à flotteur, de sorte qu'il pénètre le trop-plein d'au moins 0,5 cm (1/4 po).

Remplacement d'un robinet à flotteur

Procurez-vous un robinet à flotteur anti-siphonnement qui répond aux exigences du code de plomberie de votre localité. Les indications suivantes vous aideront à remplacer un robinet à flotteur défectueux :

1 Désassemblage de l'ancien robinet. Après avoir fermé le robinet d'arrêt, tirez la chasse d'eau et épongez l'eau qui reste dans le réservoir.

Dévissez le flotteur et la tige de flotte du robinet à flotteur.

Démontez la canalisation d'eau à l'aide d'une clé réglable.

À l'aide d'une pince réglable ou d'une clé à tuyau, disjoignez et enlevez l'écrou coulissant et la rondelle qui retiennent le robinet à flotteur à la face inférieure du réservoir.

2 Installation du robinet à flotteur neuf. Soulevez l'ancien robinet à flotteur afin de le dégager du réservoir. Avant d'installer un robinet de métal neuf dans l'orifice à la base du réservoir, appliquez de la pâte à joints sur les filets qui pénétreront dans ce même orifice. S'il s'agit d'un robinet à flotteur en plastique, appliquez une pâte à base de teflon sur le filetage. Installez le nouveau robinet à flotteur.

Mise en garde : Ne serrez pas trop les écrous de fixation. Après avoir ramené l'eau, vérifiez si les raccords fuient. Si vous constatez une fuite, resserrez ce raccord peu à peu jusqu'à ce que la fuite soit colmatée.

3 Réglage du flotteur et du tube de remplissage. Vous devrez peut-être régler le niveau du flotteur lorsque vous raccorderez celui-ci et la tige de flotte au robinet. Il doit y avoir de l'eau jusqu'à 2 cm (3/4 po) environ sous la face supérieure du trop-plein. Courbez délicatement la tige de flotte en son centre vers le bas ou vers le haut selon qu'il faille abaisser ou remonter le niveau du flotteur. Voyez le résultat. Jouez ainsi avec la courbure de la tige jusqu'à ce que l'eau atteigne le niveau voulu par rapport au trop-plein.

Assurez-vous que le tube de remplissage de la cuvette est fixé au robinet à flotteur, de sorte qu'il pénètre le trop-plein d'au moins 0,5 cm (1/4 po).

Lorsque le réservoir ne se vide pas complètement

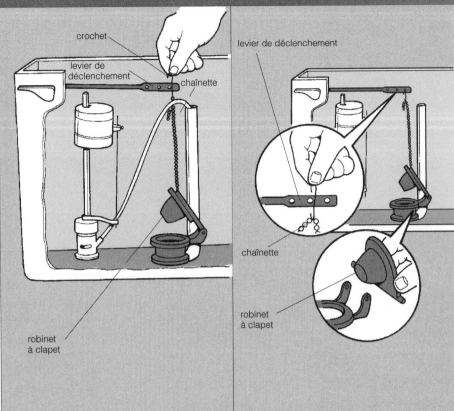

Ce problème survient généralement dans les réservoirs dont le robinet à clapet est soulevé par une chaînette de levage. La chaînette est probablement trop molle, ce qui restreint la hauteur du clapet au moment où l'on active la manette de la chasse d'eau. La pression d'eau à l'intérieur du robinet à clapet provoque sa remise en place avant que la chasse n'ait évacué la quantité habituelle d'eau, à moins que l'on empêche le clapet de se poser sur son siège en tenant la manette.

Le petit crochet de métal qui unit l'extrémité de la chaînette au levier de déclenchement s'est peut-être déformé. Décrochez la chaînette du trou du levier de déclenchement qu'elle occupe et courbez-le ou accrochez-la à un trou plus près de la manette (voir le schéma ci-contre).

Si cela ne résout pas le problème, c'est que le robinet à clapet est abîmé et qu'il faut le remplacer, ainsi que la chaînette (voir le second schéma).

Écoulement lent à l'intérieur de la cuvette

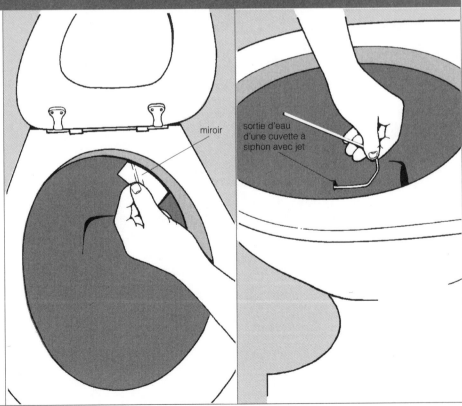

S'il faut tirer plus d'une fois la chasse d'eau afin d'évacuer le contenu de la cuvette, les sorties d'eau qui se trouvent sous sa bordure sont peut-être encrassées ou alors la sortie du siphon avec jet est obstruée. Placez un miroir de poche sous la bordure (voir le schéma ci-contre) et voyez si des dépôts calcaires obstruent les sorties d'eau. Afin de nettoyer ces orifices, redressez un cintre de métal et insérez son extrémité dans chaque trou pour les désencrasser. Prenez cependant garde d'abîmer la porcelaine. Refaites de même dans la sortie d'eau du siphon avec jet (voir le second schéma). Procurez-vous un nettoyant qui dissout les dépôts calcaires et mélangez-le selon les indications du fabricant. Enlevez l'eau de la cuvette de sorte que la sortie du siphon avec jet se trouve à l'air libre. Enlevez le couvercle du réservoir, glissez un entonnoir dans le trop-plein et versez-y le nettoyant. Patientez une heure et actionnez plusieurs fois la chasse d'eau.

Réparation d'une fuite d'une canalisation d'eau

Si l'eau goutte autour de l'un des écrous qui retiennent la canalisation d'eau au robinet d'arrêt et au robinet à flotteur, resserrez-le à l'aide d'une clé réglable. Si cela ne change rien, fermez le robinet d'arrêt, dévissez l'écrou et entourez la bague de compression ou le filetage femelle de ruban pour joints filetés ou de pâte à joints. Remettez l'écrou en place.

Si c'est la canalisation d'eau qui fuit, il faut la remplacer. La réparation s'effectue de la même manière que s'il s'agissait d'une canalisation à robinet (voir la page 27). Il est plus facile de réparer un tuyau en acier inoxydable tressé qu'un tuyau en cuivre chromé.

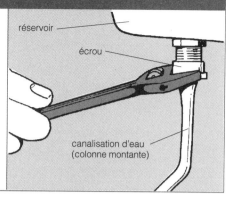

réservoir

écrou

canalisation d'eau
(colonne montante)

Réparation d'une fuite d'un joint d'arrivée d'eau

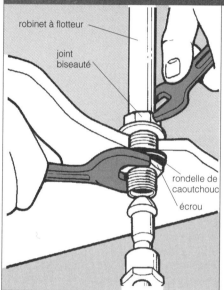

robinet à flotteur

joint biseauté

rondelle de caoutchouc

écrou

Après avoir fermé le robinet d'arrêt, tirez la chasse d'eau et enlevez le couvercle du réservoir. Épongez l'eau qui reste à l'intérieur du réservoir afin de le vider.

Disjoignez et dévissez les écrous qui fixent la canalisation d'eau et démontez cette dernière.

Quelqu'un doit tenir le robinet à flotteur. Placez-vous sous le réservoir et disjoignez l'écrou qui fixe le robinet à flotteur au réservoir. Enlevez ensuite l'écrou et le joint d'étanchéité que vous apporterez chez un quincaillier ou un fournisseur de matériaux de plomberie afin de vous en procurer des nouveaux.

Installez l'écrou et le joint neufs. Vissez l'écrou avec vos doigts. Puis, en tenant bien le robinet à flotteur, resserrez bien l'écrou mais pas trop car vous risqueriez de fissurer le réservoir.

Posez un ruban de teflon (sur les composants plastiques) ou de la pâte à joints (sur les composants métalliques) autour des bagues de compression ou du filetage femelle de la canalisation d'eau et vissez solidement les écrous (sans les forcer).

Faites couler l'eau et voyez si les raccords fuient. Si de l'eau goutte de l'un des raccords, resserrez-le peu à peu jusqu'à ce que la fuite soit colmatée.

Réparation d'une fuite autour des boulons de fixation du réservoir

1. Placez-vous sous le réservoir et resserrez l'écrou. Ne le forcez pas car vous risqueriez de fissurer la cuvette ou le réservoir. Si cela ne change rien, fermez l'arrivée d'eau, tirez la chasse et épongez l'eau qui reste à l'intérieur du réservoir.

2. À l'aide d'une clé, saisissez l'écrou sous le réservoir pendant que vous dévissez le boulon de fixation à l'intérieur du réservoir. Enlevez le boulon, l'écrou et la rondelle de caoutchouc. Remplacez-les par de nouveaux qui sont identiques.

3. Installez les nouveaux éléments de fixation mais prenez garde de trop les serrer. Vous risqueriez de fissurer la cuvette ou le réservoir.

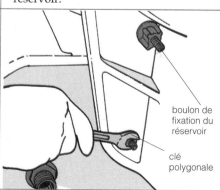

boulon de fixation du réservoir

clé polygonale

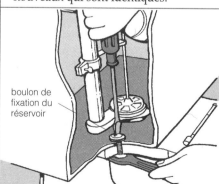

boulon de fixation du réservoir

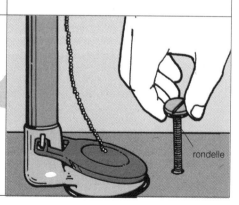

rondelle

Réparation de l'anneau d'étanchéité au sol

Si l'eau fuit entre la cuvette et l'anneau d'étanchéité au sol, faites comme suit :

1 **Retrait des boulons de fixation.** Enlevez les capuchons qui couvrent les boulons de fixation de la cuvette. Forcez-les, s'il le faut. Dévissez et enlevez les écrous qui retiennent les boulons à la cuvette et, par conséquent, au sol. Si les écrous et les boulons sont corrodés, pulvérisez du silicone afin de les décoincer. Si cela ne suffit pas, coupez les boulons à l'aide d'une scie à métaux.

2 **Retrait de l'ancien anneau d'étanchéité.** Remuez la cuvette d'avant en arrière afin de la dégager de l'anneau de cire. Soulevez ensuite la cuvette et déposez-la à côté de vous. Bouchez le tuyau de chute avec un chiffon pour empêcher la fuite des gaz des égouts.

À l'aide d'un couteau à mastiquer enlevez la cire du joint d'étanchéité de la bride de sol et des carreaux qui l'entourent. Si les boulons sont corrodés ou s'il a fallu les scier, retirez-les en les faisant glisser le long de la bride. Raclez les restes de cire et de mastic qui se trouveraient sur le dessous de la cuvette. Imbibez un chiffon d'alcool et lavez le dessous de la cuvette.

3 **Installation d'un nouvel anneau d'étanchéité.** Insérez de nouveaux boulons de fixation dans la bride de sol. Voyez à ce que chacune des extrémités des fentes de la bride de sol est dotée d'une large ouverture pour qu'on puisse y passer la tête des boulons. Centrez le nouvel anneau d'étanchéité par rapport à l'orifice de la cuvette et exercez une pression pour le fixer au tuyau de chute.

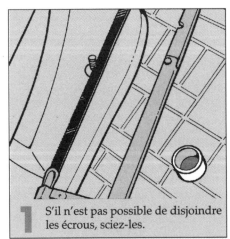

1 S'il n'est pas possible de disjoindre les écrous, sciez-les.

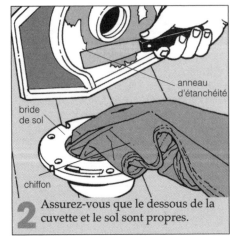

2 Assurez-vous que le dessous de la cuvette et le sol sont propres.

anneau d'étanchéité
bride de sol
chiffon

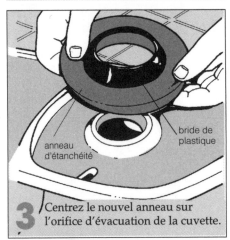

anneau d'étanchéité
bride de plastique

3 Centrez le nouvel anneau sur l'orifice d'évacuation de la cuvette.

anneau d'étanchéité
bride de sol

4 Posez la cuvette sur la bride de sol et vissez les écrous de fixation.

4 **Remise en place de la cuvette.** Soulevez la cuvette et portez-la au-dessus de la bride de sol ; descendez-la lentement de sorte que les boulons de fixation entrent dans les trous de la bride prévus à cet effet. Appuyez fermement sur la cuvette pour qu'elle adhère à la cire de l'anneau d'étanchéité. Remettez en place les rondelles et les écrous. Resserrez les écrous avec vos doigts. Par la suite, vissez-les davantage à l'aide d'une clé mais sans trop forcer car vous risqueriez de fissurer la cuvette.

S'il s'agit d'une toilette à deux composants, installez le réservoir. Raccordez la canalisation d'eau. Couvrez le filetage de ruban de teflon ou de mastic de plombier afin de prévenir les fuites. Il faut employer du ruban de teflon sur les composants plastiques.

Déposez du mastic de plombier ou de calfeutre à base de silicone sur le périmètre de la base de la cuvette.

Prévention de la condensation

La condensation forme des gouttelettes qui apparaissent sur les parois du réservoir lorsque l'air ambiant est chaud et que le degré d'humidité est élevé. La chaleur de l'air et la fraîcheur de l'eau provoquent cette condensation. Les indications suivantes vous permettront de pallier cet inconvénient :

1. Après avoir fermé le robinet d'arrêt, tirez la chasse, enlevez le couvercle du réservoir et épongez l'eau qui reste à l'intérieur.

2. Asséchez les parois et le dessous du réservoir avec des chiffons.

3. Actionnez le climatiseur ou ouvrez une fenêtre et attendez 24 heures avant de remettre le couvercle en place.

4. Procurez-vous un nécessaire pour l'isolation des toilettes. Taillez les feuilles de mousse étanche selon les dimensions appropriées, collez-y les bandes adhésives et doublez-en les parois intérieures du réservoir.

feuille de mousse étanche

BAIGNOIRES ET DOUCHES

Une baignoire doublée d'une douche est une installation complexe. Souvent les problèmes surgissent autour de l'obturateur à clapet, de l'organe de dérivation, des robinets, du bec ou de la pomme de douche. Il suffit parfois d'un nettoyage rigoureux pour venir à bout du problème alors qu'en d'autres occasions il faut remplacer une ou plusieurs pièces, voire remonter l'appareil.

Anatomie d'une baignoire et d'une douche

Les baignoires sont proposées en une foule de matériaux, de tailles et de modèles. Elles peuvent être dotées ou non d'une douche, auquel cas cette dernière sera installée dans une cabine à part. Mais il faut savoir qu'une baignoire doublée d'une douche et qu'une cabine de douche sont des installations complexes assemblées avec précision.

Composition d'une baignoire

Le diamètre du tuyau de chute devrait mesurer 4 cm (1 1/2 po). L'obturateur peut être muni d'un clapet qui, lorsqu'on appuie dessus, bouche le tuyau de chute, comme il peut être doté d'une tige de levage qui remplit la même fonction ; on peut également insérer un bouchon de métal ou de caoutchouc dans l'orifice du tuyau de chute pour empêcher l'eau de s'écouler. Les baignoires sont dotées d'un trop-plein au même titre que les lavabos pour permettre l'écoulement du surplus d'eau vers le tuyau d'évacuation. Le trop-plein est un orifice dont le diamètre mesure au moins 4 cm (1 1/2 po) ; il se trouve en général sous le robinet, couvert d'une plaque décorative.

Obturateur à clapet. Si la baignoire est munie d'un obturateur à clapet, le levier qui contrôle l'obturateur se trouve derrière la plaque. Afin de régler un obturateur à clapet, faites tourner son raccord à l'aide d'une pince et remettez-le en place dans le tuyau de chute. Réglez la tige jusqu'à ce que l'obturateur épouse bien l'intérieur du tuyau.

Produits de scellant à joints. Il faut veiller à l'entretien des joints entre la baignoire et les murs qui l'entourent. Selon la plupart des codes de plomberie, un grand espace entre les appareils sanitaires, les murs et les planchers est insalubre car la poussière peut s'y accumuler et la vermine s'y installer. On calfeutre ces interstices à l'aide de ciment ou d'autres produits de scellant à joints.

Ainsi, dans l'éventualité où un matériau d'étanchéité se dégraderait entre la baignoire, le mur ou le plancher, il faudrait l'enlever pour en remettre un nouveau. Les produits de scellant à joints à base de silicone sont conçus à cet effet et conservent leur efficacité presque indéfiniment.

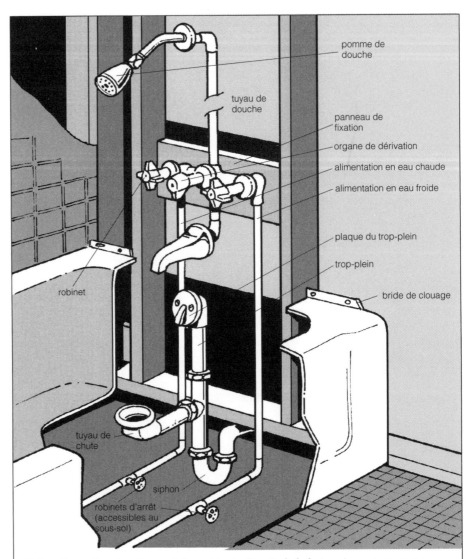

Baignoire et douche. Souvent, les robinets d'arrêt de la baignoire se trouvent au sous-sol. S'il n'y en a pas, on coupe l'alimentation en eau en fermant le robinet principal de la maison.

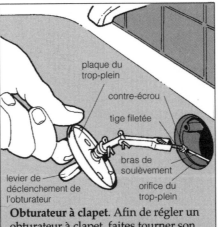

Obturateur à clapet. Afin de régler un obturateur à clapet, faites tourner son raccord à l'aide d'une pince et remettez-le en place dans le tuyau de chute. Réglez la tige jusqu'à ce que l'obturateur épouse bien l'intérieur du tuyau.

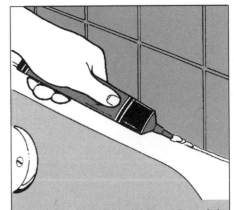

Produits de scellant à joints. Quand il devient nécessaire de remplacer le joint entre la baignoire, les murs et le sol, préparez la surface et employez un produit étanche de première qualité.

Composition d'une cabine de douche

Lorsque la douche se trouve dans une cabine, la plupart des codes de plomberie exigent que son sol enregistre une pente de 0,5 sur 30 cm (1/4 po sur 1 pi) de longueur en direction du tuyau de chute. De plus, ce dernier doit mesurer 5 cm (2 po) de diamètre et être doté d'une crépine pour empêcher les cheveux d'obstruer le tuyau de chute et le siphon.

Vous devriez pouvoir retirer la crépine pour la nettoyer. Par conséquent, elle doit être fixée au sol par des vis ou être maintenue par la pression à l'ouverture du tuyau de chute pour qu'il soit possible de la dégager.

Il y a une autre chose à savoir à propos de la construction d'une cabine de douche. La zone sous le sol, en général des carreaux ou de la fibre de verre, doit être faite d'un matériau durable et étanche à l'eau. On parle d'une vasque pour désigner cette zone sous une cabine de douche.

La vasque doit couvrir le sol sous la base de la cabine et monter sur ses côtés jusqu'à excéder son seuil. De plus, il faut assujettir la vasque au tuyau de chute afin que leur joint soit étanche à l'eau.

Les meilleures vasques sont faites de feuilles de plastique, par exemple de polyéthylène chloré ou de chlorure de polyvinyle, et de plomb. Dans l'éventualité où la vasque serait fissurée et que l'eau s'en écoulerait, ou si elle s'écoulait par le joint entre la vasque et le tuyau de chute, il faudrait briser les carreaux afin de réparer ou de remplacer la vasque.

Robinetterie de la baignoire et de la douche

Bien qu'ils soient d'aspect différent, les robinets fixés à une baignoire doublée d'une douche et ceux d'une cabine de douche ont pratiquement la même structure que ceux qui alimentent les éviers et les lavabos. Les robinets des baignoires et des cabines de douche qui sont dotés de deux manettes, une qui commande l'eau chaude et l'autre l'eau froide, sont des robinets de compression. S'ils n'ont qu'un bouton, il s'agit de robinets à bloc d'obturation, à cartouche ou à bille.

Les baignoires doublées d'une douche sont dotées d'un organe de dérivation qui empêche l'eau de s'écouler par le bec et qui l'achemine vers la pomme de douche. Il peut être commandé par une manette située entre les manettes d'eau

chaude et d'eau froide. Lorsqu'on actionne la manette de l'organe de dérivation dans le sens horaire, l'eau s'écoule par le bec. Lorsqu'on la tourne dans le sens contraire des aiguilles d'une montre, l'eau s'écoule par la pomme de douche. L'organe de dérivation muni d'une manette comporte également un mécanisme semblable à celui des robinets à eau chaude et froide, à savoir un mécanisme de compression ou une cartouche. On le répare comme on le fait d'un robinet de compression ou à cartouche (voir la page 19).

L'autre sorte d'organe de dérivation que l'on trouve dans une baignoire doublée d'une douche est un bouton et une tige que l'on actionne à partir du bec. Lorsqu'on tire le bouton, l'eau s'engage

dans la colonne montante et s'écoule par la pomme de douche. Il s'agit d'un organe de dérivation à mécanisme de levage. La soupape est alors maintenue sous l'effet de la pression de l'eau qui circule dans la canalisation. Lorsqu'on ferme le robinet, la pression chute et la soupape retombe. Si un organe de diversion à mécanisme de levage est défectueux, il faut remplacer le bec (voir les pages 46-47).

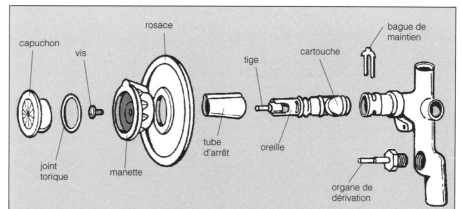

Robinets de baignoire et de douche. Les robinets de baignoire et de douche ne comportent souvent qu'une manette que l'on actionne par une poussée. En faisant tourner la manette vers la gauche ou la droite, on augmente dans l'ordre la quantité d'eau chaude ou d'eau froide. Le schéma représente un robinet à cartouche doté d'une seule manette.

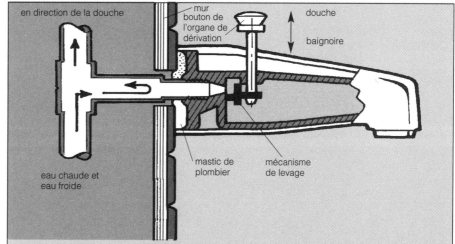

Organe de dérivation de baignoire et de douche. Lorsqu'on tire le bouton d'un organe de dérivation couplé à un bec, le mécanisme de levage empêche l'eau de pénétrer à l'intérieur du bec qui se voit contrainte de circuler dans la colonne montante.

Réparation d'un robinet à deux manettes et d'un organe de dérivation à l'intérieur du mur

Les robinets à deux manettes qui commandent l'alimentation en eau chaude et en eau froide entre une baignoire et une pomme de douche ressemblent à ceux que l'on trouve dans les éviers et les lavabos. Il peut s'agir de robinets de compression, dotés de rondelles ou de diaphragmes au bout de leurs tiges, ou de robinets à cartouche dotés de blocs d'obturation mobiles.

La principale différence entre les robinets d'évier et ceux de baignoire et de douche tient à ce que la taille des composants de ces derniers est plus importante que celle des premiers.

Lorsque le bec ou la pomme de douche d'un doublé baignoire et douche doté d'un robinet à deux manettes fuient, il faut chercher le problème du côté de la rondelle ou du diaphragme de la tige s'il s'agit d'un robinet de compression ou encore des blocs d'obturation, s'il s'agit d'un robinet à cartouche. Vous ne saurez peut-être pas de quel type de robinet il s'agit avant de l'avoir désassemblé.

S'il se trouve un levier au mur entre les manettes qui commandent l'eau chaude et l'eau froide, il contrôle l'organe de dérivation qui dirige l'eau vers le bec ou vers la pomme de douche. Lorsque l'organe de dérivation est défectueux, l'eau peut sortir en même temps du bec et de la pomme de douche ou de l'eau peut s'écouler de la pomme de douche alors que toute la puissance devrait être canalisée dans le bec.

Le mécanisme de l'organe de dérivation ressemble à celui des robinets d'eau chaude et d'eau froide, à savoir qu'il fonctionne à compression ou avec une cartouche. On effectue la réparation de la même manière que l'on fait pour un robinet d'eau chaude et d'eau froide, soit en remplaçant la rondelle ou le diaphragme de la tige, soit en changeant la cartouche.

Désassemblage

1 **Écoulement de l'eau**. Après avoir fermé l'alimentation en eau, ouvrez le robinet pour laisser s'écouler l'eau qui se trouve à l'intérieur.

2 **Retrait du capuchon**. Si un capuchon couvre le centre de la manette, disjoignez-le en insérant le bout d'un tournevis ou d'un couteau à mastiquer dans le renflement qui sépare ces deux composants.

3 **Retrait de la manette**. Enlevez les vis, puis la manette. Si elle reste coincée, assénez-lui quelques coups à l'aide du manche du tournevis et bougez-la jusqu'à ce qu'elle se dégage.

4 **Retrait de la rosace**. Une plaque décorative (la rosace) couvre le trou percé dans le mur où se trouve la tige ou la cartouche. Certaines rosaces sont maintenues en place sous l'effet de la pression ; d'autres sont filetées et sont engagées dans le robinet adjacent. Si vous ne parvenez pas à retirer la rosace avec vos mains, entourez de ruban isolant les mâchoires d'une pince réglable dont vous saisirez la plaque que vous tournerez jusqu'à ce qu'elle se déloge. Un espacement peut se trouver sous la rosace. Le cas échéant, retirez-le.

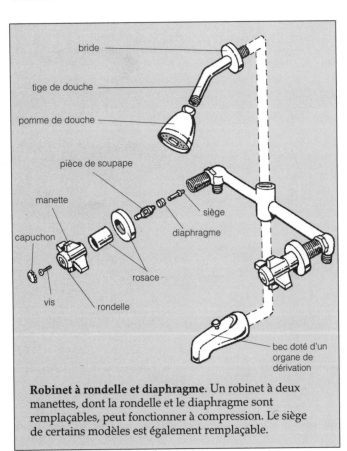

Robinet à rondelle et diaphragme. Un robinet à deux manettes, dont la rondelle et le diaphragme sont remplaçables, peut fonctionner à compression. Le siège de certains modèles est également remplaçable.

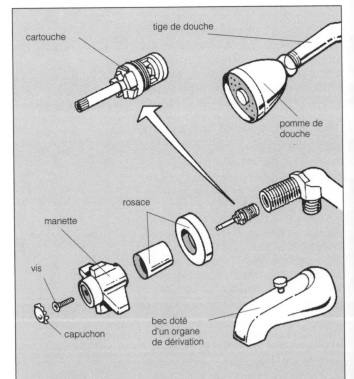

Robinet à cartouche. Un robinet à deux manettes peut comporter une cartouche. En général, un simple nettoyage ne suffit pas et l'on doit remplacer la cartouche.

Réparation

1 Retrait de la tige ou de la cartouche. Vous êtes maintenant en mesure de retirer la tige ou la cartouche. Il se trouvera très probablement un écrou de laiton à six faces que vous devrez dévisser. Si vous pouvez le saisir avec une clé ou une pince réglable, faites-le tourner dans le sens contraire des aiguilles d'une montre et enlevez-le. Sinon, employez une clé à douille à cliquet pour ce faire. Dévissez ou tirez sur la tige ou la cartouche afin de la dégager.

2 Remplacement des pièces. S'il s'agit d'un robinet de compression, dévissez les vis de laiton qui tiennent la rondelle à la tige et retirez cette rondelle. Emportez la tige et son siège chez un quincaillier ou un fournisseur de matériaux de plomberie afin d'acheter une rondelle de la même taille et une vis de laiton.

Si le robinet de compression ne comporte aucune rondelle autour de la tige, alors vous verrez un diaphragme à la base de celle-ci. Dégagez-le et procurez-vous-en un qui soit identique.

S'il s'agit d'un robinet à cartouche, ouvrez les rayons dentelés des blocs d'obturation et chassez la saleté incrustée dans les rayons à l'aide d'un jet d'air. Remontez le robinet afin de voir si cela a remédié au problème ; dans le cas contraire, remplacer la cartouche.

3 Entretien du siège de la rondelle. S'il s'agit d'un robinet de compression, nettoyez le siège de la rondelle avant de remonter le robinet. Tenez un outil de dressage en l'appuyant contre le siège. En exerçant une pression moyenne, faites accomplir deux révolutions à l'outil. Emplissez d'eau une seringue pour l'oreille et rincez les saletés accumulées dans le siège. Cette précaution supprimera les débris de métal et autres résidus qui risqueraient d'abîmer la rondelle neuve. Servez-vous d'une brosse aux soies métalliques pour nettoyer les dépôts dans les composants de métal.

4 Remontage du robinet. Afin de savoir comment réparer et remonter un robinet de compression et un robinet à cartouche et à deux manettes, reportez-vous aux pages 12, 13 et 19.

Retrait de la tige ou de la cartouche

1. Lorsque vous aurez démonté la manette, l'espacement et la rosace, vous verrez le capuchon du robinet. Chaussez des lunettes de protection et brisez le mortier qui recouvrirait l'écrou.

2. Enlevez l'écrou à l'aide d'une clé à fourche ou à crémaillère. Ce faisant, vous dégagerez la tige.

3. Un outil semblable à celui-ci sert à extraire une tige ou une cartouche profondément enfouie dans le mur.

4. Si le robinet comporte une rondelle ou un diaphragme, remplacez l'une ou l'autre comme vous le feriez sur un évier ou un lavabo.

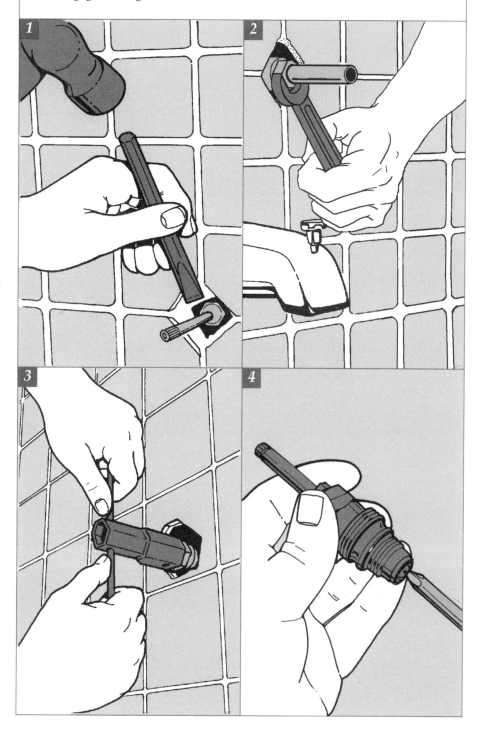

Réparation d'un robinet à une manette

Un robinet à une manette commande l'alimentation en eau chaude et froide en direction du bec de la baignoire ou de la pomme de douche. De même qu'il en est d'un robinet d'évier à une manette, celui-ci est muni d'une cartouche, d'un bloc d'obturation ou d'une bille.

Robinet à cartouche

1 **Retrait de la manette.** Enlevez le capuchon qui couvre la vis de la manette ; défaites la vis et retirez la manette. Il se peut que la rosace soit tenue par une vis. Le cas échéant, dévissez-la afin d'enlever la rosace.

2 **Fermeture de l'approvisionnement en eau.** Vous apercevrez peut-être des écrous rainurés de chaque côté de la commande du robinet. Il s'agit des robinets d'arrêt de l'eau chaude et de l'eau froide. Passez la pointe d'un tournevis dans une rainure et tournez dans le sens horaire afin de fermer l'approvisionnement en eau de chaque côté. En l'absence de robinets d'arrêt, il faudra fermer la soupape principale de la maison.

3 **Retrait de la bague de serrage.** Vous verrez peut-être un tube d'arrêt au-dessus de la tige du robinet. Le cas échéant, dégagez-le. Voyez s'il se trouve une bague de serrage filetée au-dessus d'un robinet à cartouche. Le cas échéant, saisissez la bague et faites-la tourner dans le sens contraire des aiguilles d'une montre afin de l'enlever.

4 **Retrait de la cartouche.** Saisissez l'extrémité de la cartouche à l'aide d'une pince et dégagez-la du mur.

5 **Retrait de l'agrafe de la cartouche.** S'il ne se trouve aucune bague de serrage ou s'il est difficile de dégager la cartouche, examinez le boîtier qui tient la cartouche. Si vous apercevez une agrafe, disjoignez-la de son siège puis sortez la cartouche.

6 **Remplacement de la cartouche.** Apportez la cartouche chez un fournisseur de matériaux de plomberie pour voir s'il existe des joints d'étanchéité de rechange pour ce modèle. Mais ne vous étonnez pas si l'on vous conseille de remplacer la cartouche ; ce pourrait être plus simple que de remplacer les joints d'étanchéité.

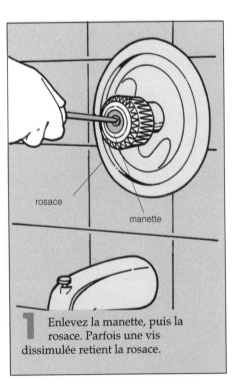

1 Enlevez la manette, puis la rosace. Parfois une vis dissimulée retient la rosace.

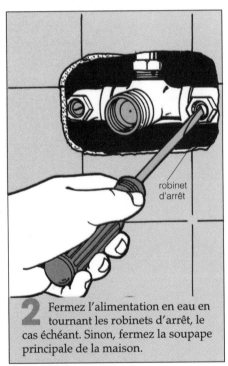

2 Fermez l'alimentation en eau en tournant les robinets d'arrêt, le cas échéant. Sinon, fermez la soupape principale de la maison.

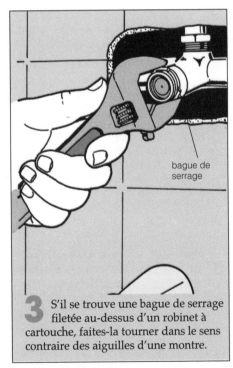

3 S'il se trouve une bague de serrage filetée au-dessus d'un robinet à cartouche, faites-la tourner dans le sens contraire des aiguilles d'une montre.

4 Servez-vous d'une pince pour saisir l'extrémité de la cartouche et la sortir du mur.

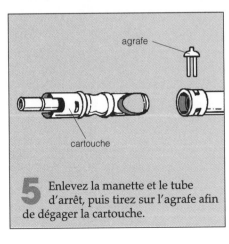

5 Enlevez la manette et le tube d'arrêt, puis tirez sur l'agrafe afin de dégager la cartouche.

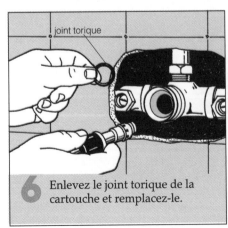

6 Enlevez le joint torique de la cartouche et remplacez-le.

Commande d'un robinet à cartouche

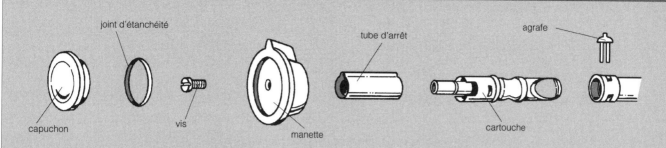

joint d'étanchéité

tube d'arrêt

agrafe

capuchon

vis

manette

cartouche

Ce robinet de baignoire est muni d'une cartouche. Si le robinet fuit et que le bec goutte, enlevez les vis et l'agrafe afin de dégager la cartouche et d'effectuer la réparation.

Commande de robinet à levier sans compression

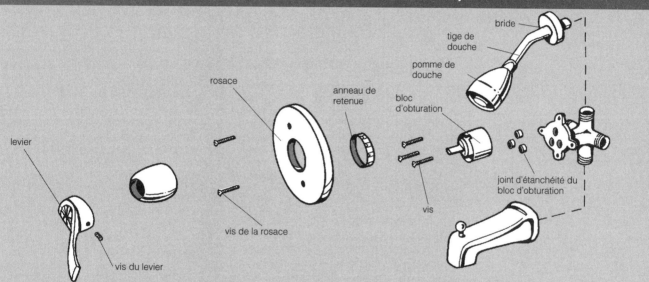

bride

tige de douche

pomme de douche

rosace

anneau de retenue

bloc d'obturation

levier

joint d'étanchéité du bloc d'obturation

vis

vis de la rosace

vis du levier

Lorsque la manette et la rosace sont enlevées, on dégage un robinet de baignoire ou de douche à une manette en dévissant les vis qui tiennent le bloc d'obturation en place. Afin de réparer un robinet qui fuit, remplacez les joints d'étanchéité à la base du bloc d'obturation. Habituellement, on les trouve dans la trousse de réparation.

Commande de robinet à bille sans compression

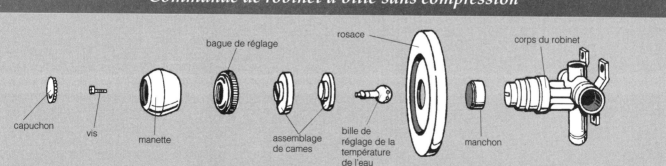

bague de réglage

rosace

corps du robinet

capuchon

vis

manette

assemblage de cames

bille de réglage de la température de l'eau

manchon

S'il s'agit d'un robinet à bille sans compression, reportez-vous à la page 16 où l'on montre comment réparer ce type de robinet lorsqu'il est fixé à un évier ou un lavabo. On désassemble un robinet à bille sans compression fixé à une baignoire et à une cabine de douche comme on le fait pour celui qui serait fixé à un évier ou un lavabo (après que la manette et la rosace ont été enlevées). Remplacez tous les éléments.

Remplacement d'un organe de diversion intégré au bec

L'organe de diversion est-il muni d'un bouton et d'une tige qui excède le bec de la baignoire (voir le schéma de gauche) ou d'une manette fixée au mur (voir le schéma de droite) ?

Si l'organe de diversion est intégré au bec et qu'il est défectueux, l'eau s'écoulera aussi bien du bec que de la pomme de douche alors qu'elle ne devrait s'écouler que de cette dernière, ou alors la tige ne restera pas soulevée.

Il est nécessaire de remplacer le bec afin de réparer l'organe de diversion.

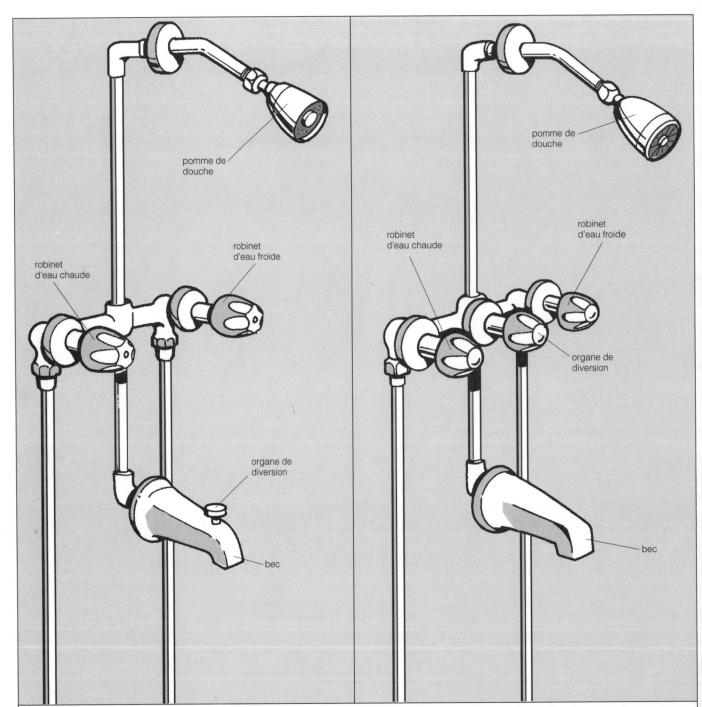

pomme de douche

robinet d'eau chaude

robinet d'eau froide

organe de diversion

bec

pomme de douche

robinet d'eau chaude

robinet d'eau froide

organe de diversion

bec

Organes de diversion d'une baignoire et d'une douche. L'organe de diversion est soit intégré au bec (à gauche), soit fixé au mur entre les robinets d'eau chaude et d'eau froide (à droite). Les renseignements présentés dans cette section concernent les organes de diversion intégrés à un bec. Pour savoir comment réparer un organe de diversion fixé au mur, reportez-vous aux pages 42-43.

1 Retrait de la vis de fixation.
Regardez sous le bec de la baignoire. S'il y a une encoche, le bec peut être fixé à l'aide d'une vis creuse. Insérez des clés mâles à six pans jusqu'à ce que vous trouviez celle qui est calibrée pour desserrer cette vis. Retirez la vis et dégagez le bec de la canalisation.

2 Retrait du bec. Si le bec est coincé, essayez de le dégager à l'aide d'un tournevis ou d'une pince réglable. Faites glisser le bec sur le tuyau.

S'il n'y a pas d'encoche sous le bec, c'est qu'il est vissé directement à la canalisation d'eau. Introduisez l'extrémité de la tige d'un tournevis large ou le manche d'un marteau dans l'orifice destiné au bec et tournez dans le sens contraire des aiguilles d'une montre. Le bec devrait se dégager du filetage du tuyau.

Apportez le vieux bec chez un fournisseur de matériaux de plomberie ou dans un centre de rénovation pour vous en procurer un de la même taille. Si, par exemple, le bec est fileté, la longueur de retrait des filets à l'intérieur du nouveau bec doit équivaloir à celle de la canalisation d'eau qui sort du mur.

3 Installation du nouveau bec.
Entourez les filets de la canalisation de ruban pour joints filetés que vous tournerez dans le sens horaire et vissez le bec à cette dernière.

Si l'orifice du bec est décentré lorsque vous ne parvenez plus à faire tourner ce dernier avec votre main, insérez le tournevis ou le manche du marteau et faites-le tourner lentement jusqu'à ce que l'orifice soit centré au-dessus de la baignoire.

À l'aide de mastic de plombier ou d'un produit à base de silicone, calfeutrez la canalisation là où elle pénètre dans le mur. Déposez la pâte à base de silicone des deux côtés de la paroi et le long des côtés. Vous empêcherez ainsi l'eau qui pourrait refluer de s'écouler à l'intérieur du mur.

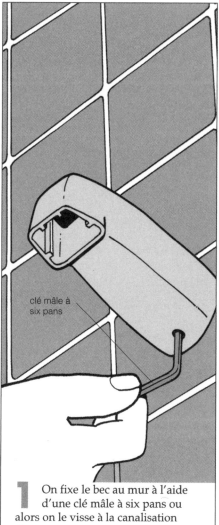

clé mâle à six pans

1 On fixe le bec au mur à l'aide d'une clé mâle à six pans ou alors on le visse à la canalisation d'eau.

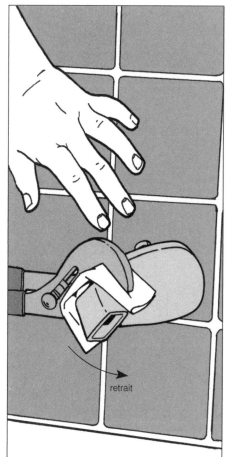

retrait

2 Si le bec est vissé à la canalisation d'eau, disjoignez-le à l'aide d'un tournevis à pointe large ou d'une pince réglable et dévissez-le.

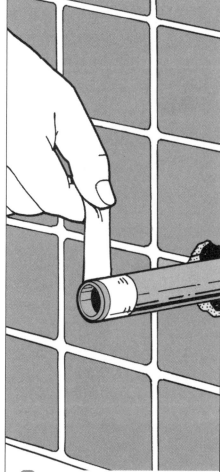

3 Avant d'installer un nouveau bec, enrobez le filetage de ruban pour joints filetés que vous tournerez dans le sens horaire.

Remplacement d'une pomme de douche

Si le jet de votre pomme de douche est inégal, le problème est facile à résoudre.

Retrait de la pomme de douche

Entourez la bague de serrage de la pomme de ruban adhésif ou isolant, ou encore entourez-en les mâchoires de la clé ou de la pince réglable avec laquelle vous retirerez la pomme. Faites en sorte que les mâchoires de la clé mordent la bague et faites-la tourner dans le sens contraire des aiguilles d'une montre (voir le schéma 1) afin de dégager la pomme de la tige de douche.

Remarque : Si la corrosion a rongé les orifices de pulvérisation et que vous souhaitez remplacer la pomme de douche, apportez-la chez un quincaillier ou un fournisseur de matériaux de plomberie pour vous assurer que l'extrémité de la nouvelle pomme a le même diamètre que la bague de serrage.

Nettoyage de la pomme de douche

Lorsque le jet d'eau est de force inégale, des sédiments se sont accumulés et obstruent les orifices de pulvérisation. Servez-vous d'une alène ou de l'extrémité d'une trombone que vous aurez redressée afin de désobstruer les orifices (voir le schéma 2).

Un réducteur de débit se trouve probablement à la tête de la pomme de douche. Enlevez toute forme d'attache qui retiendrait le réducteur de débit et désobstruez les orifices de l'intérieur (voir le schéma 3). Rincez-les à l'eau courante.

Si les orifices sont entièrement bloqués tout à fait, emplissez un bac de vinaigre. Enlevez le joint torique à l'extrémité de la pomme où il est engagé dans la tige de douche. Déposez la pomme de douche dans le vinaigre qui fera peut-être se dissoudre les dépôts calcaires. Laissez-la tremper pendant plusieurs heures. Sortez la pomme de douche du bac de vinaigre et rincez-la à l'eau courante.

Remise en place de la pomme de douche

Réintroduisez le joint torique et le réducteur de débit, et revissez la pomme à la tige de douche. Lorsqu'il n'est plus possible de visser la pomme à la main, faites tourner la bague de serrage d'un demi-tour à l'aide de la clé ou de la pince réglable. Faites couler l'eau et voyez si le raccord fuit. Si de l'eau s'écoule de la bague de serrage, resserrez-la jusqu'à ce que la fuite soit colmatée.

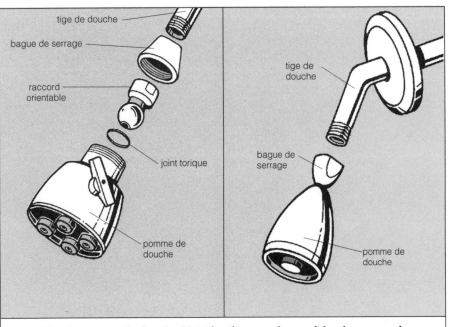

Modèles de pomme de douche. Voici les éléments des modèles de pomme de douche les plus courants.

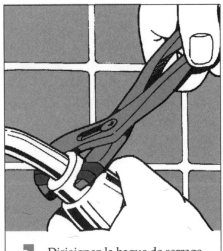

1 Disjoignez la bague de serrage afin de dégager la pomme de douche de la tige.

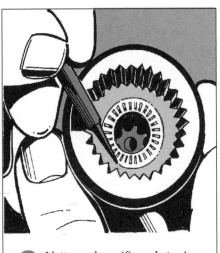

2 Nettoyez les orifices obstrués par des dépôts calcaires.

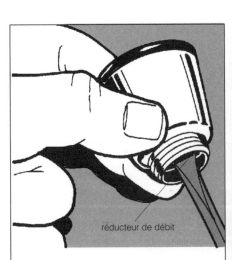

3 Enlevez le réducteur de débit afin de nettoyer les orifices depuis l'intérieur de la pomme de douche.

Réparation des obturateurs

Un obturateur de baignoire à levier qui fonctionne bien est plus commode que celui qu'il faut insérer et enlever à la main chaque fois que l'on prend un bain. Lorsqu'une réparation s'avère nécessaire, il est beaucoup plus facile qu'il ne semble.

Identification du problème

Un obturateur défectueux entraînera l'un ou l'autre des inconvénients suivants :

■ L'obturateur ne bouchera pas le tuyau d'évacuation et l'eau s'échappera de la baignoire.

■ Lorsque vous viderez la baignoire, l'écoulement de l'eau se fera au ralenti.

Identification du mécanisme

Deux mécanismes peuvent régir le fonctionnement d'un obturateur, à savoir un piston plongeur ou un clapet. L'obturateur à piston plongeur se reconnaît à la crépine qui couvre le tuyau d'évacuation. L'obturateur à clapet se soulève et s'abaisse directement sur le tuyau d'évacuation. Les deux sont commandés par un levier que l'on trouve sur la plaque du trop-plein.

Obturateur à piston plongeur

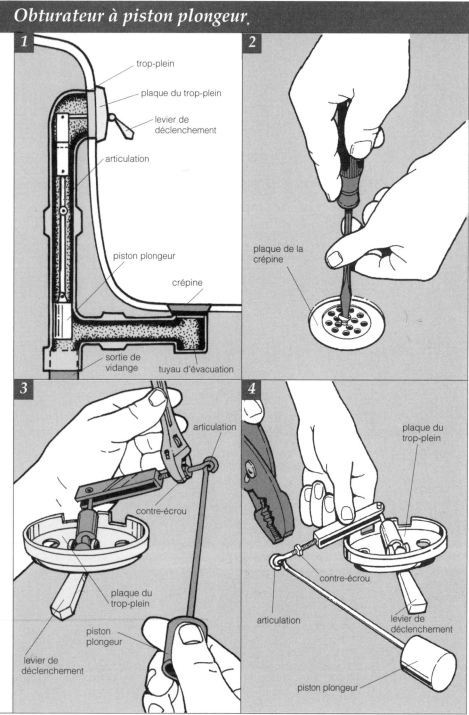

1. L'obturateur est un même assemblage qui réunit le levier de déclenchement, l'articulation et un piston plongeur. Ce dernier est semblable à un poids. Lorsqu'on bascule le levier de déclenchement afin de boucher le tuyau d'évacuation, le piston plonge à l'intérieur du tuyau afin de l'obstruer et d'empêcher l'eau de s'écouler de la baignoire.

2. Si l'écoulement de l'eau se fait lentement, dévissez et nettoyez la crépine avant de désassembler l'obturateur. Souvent des cheveux emmêlés sont à l'origine du problème.

3. Afin d'extraire le mécanisme d'obturation, dévissez les vis qui fixent la plaque du trop-plein afin de la dégager. Vous sortirez l'assemblage de l'obturateur par le trop-plein. Si l'écoulement de l'eau est lent et que vous n'avez pas remédié au problème en nettoyant la crépine, des cheveux emmêlés peuvent également obstruer le mécanisme d'obturation. Alors, il faut le nettoyer.

4. Si l'eau fuit de la baignoire alors que l'obturateur est engagé, allongez l'articulation de sorte que le piston plongeur pénètre en avant du tuyau d'évacuation. Disjoignez le contre-écrou qui retient l'articulation et vissez la tige à environ 0,5 cm (1/4 po). Voyez si cela change quelque chose. Afin de remettre le piston plongeur en place, il vous faudra peut-être manœuvrer le mécanisme pour qu'il retombe à l'intérieur du tuyau d'évacuation.

Obturateur à clapet

1. Lorsque l'on actionne le levier de déclenchement d'un obturateur à clapet, un serpentin à l'extrémité de l'articulation s'appuie sur un culbuteur ou s'en dégage ; ce culbuteur est relié à l'obturateur. Ce mécanisme permet à l'obturateur de s'asseoir sur la sortie de vidange ou de s'en éloigner.

2. Sortez l'assemblage de l'obturateur et du culbuteur de la sortie de vidange. Si l'eau fuyait de la baignoire alors que l'obturateur était censé l'en empêcher, faites glisser le joint torique pour le dégager de l'obturateur et remplacez-le. Remettez l'assemblage en place à l'intérieur de la sortie de vidange, de sorte que l'extrémité du culbuteur se trouve sous le serpentin. Il faudra peut-être le bouger un peu pour qu'il retrouve sa place.

3. Si l'eau s'écoule lentement de la baignoire, enlevez l'assemblage de l'obturateur et du culbuteur ; dévissez ensuite les vis qui tiennent la plaque du trop-plein.

4. Dégagez lentement la plaque de la paroi de la baignoire. Du coup, vous dégagerez le levier de déclenchement et l'articulation couplée au serpentin.

5. Enlevez les cheveux et les traces de savon qui obstruent le mécanisme d'obturation. Si des éléments sont corrodés, mettez-les à tremper dans du vinaigre et frottez-les à l'aide d'une brosse métallique.

6. Si l'écoulement de l'eau est ralenti parce que l'obturateur ne se soulève pas suffisamment par rapport à la sortie de vidange, réglez la longueur de l'articulation. Disjoignez le contre-écrou de l'articulation et faites tourner l'extrémité filetée de l'articulation afin de l'allonger d'environ 0,5 cm (1/4 po).

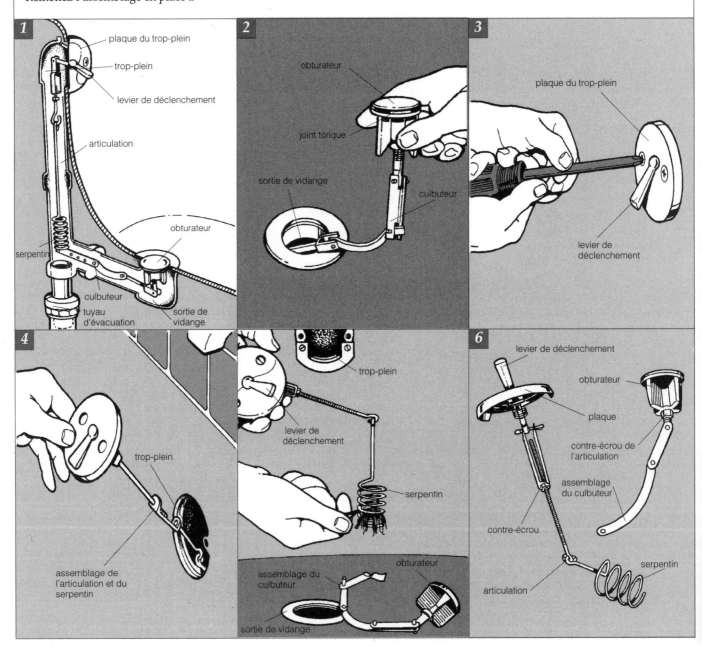

CHAUFFE-EAU

Chacun devrait apprendre à régler le degré de température d'un chauffe-eau. Il suffit parfois de simplement vidanger le réservoir pour qu'un chauffe-eau fonctionne mieux. De temps en temps, les soupapes de pression et de température fonctionnent mal, donc il faut les remplacer. Cependant, il est parfois nécessaire de remplacer le chauffe-eau lui-même. Si vous possédez un chauffe-eau à gaz, vous devez apprendre à rallumer la veilleuse.

Anatomie d'un chauffe-eau

Un chauffe-eau est un réservoir muni d'un dispositif chauffant qui produit de l'eau chaude. Dans les résidences dotées d'un système de chauffage à gaz ou à l'électricité, on trouve un chauffe-eau alimenté au gaz ou à l'électricité qui produit de l'eau chaude. En cas de pépin, il est parfois possible de réparer le réservoir. Nous verrons comment, plus loin dans cette section.

Dans bon nombre de résidences dotées d'un système de chauffage au mazout, on produit de l'eau chaude sans l'emmagasiner dans un réservoir car elle est chauffée par un serpentin présent dans le foyer de la chaudière. Le principe en est simple : l'eau froide qui circule dans ce serpentin est chauffée par la chaudière. Lorsque le serpentin se brise ou fonctionne mal, il faut le remplacer, voire remplacer la chaudière.

Produire et acheminer de l'eau chaude

Lorsque l'on actionne un robinet d'eau chaude, l'eau sort du dessus du réservoir par un tuyau. À mesure que l'eau coule du réservoir, elle est remplacée par de l'eau froide en provenance d'un tube plongeur. Ce dernier descend à l'intérieur du réservoir jusqu'à une distance de 30 à 45 cm (12 à 18 po) du fond.

Lorsque le thermostat détecte que la température de l'eau est inférieure à celle pour laquelle on l'a réglé, il provoque l'allumage du dispositif de chauffage à gaz ou à l'électricité. Ce dernier chauffe l'eau jusqu'à ce que le thermostat détecte que la température de l'eau a atteint le degré voulu. Il désactive alors l'élément chauffant.

Autres composants

Un chauffe-eau est muni d'une soupape de décharge et de sécurité technique afin d'empêcher qu'une trop forte pression s'accumule à l'intérieur du réservoir et provoque une explosion. Si la température de l'eau dans le réservoir excède environ 95 °C (200 °F) en raison du mauvais fonctionnement du thermostat et parce qu'un commutateur à maximum maintient l'élément chauffant allumé, la soupape de décharge et de sécurité technique s'ouvre pour laisser l'eau chaude ou la vapeur s'échapper du tuyau sanitaire. La pression à l'intérieur du réservoir est alors ramenée à un niveau sécuritaire.

Un chauffe-eau comporte également une purge d'eau afin de vider le réservoir. De plus, la plupart des chauffe-eau sont munis d'une anode de magnésium (ou sacrifiée) dont le rôle consiste à attirer les éléments présents dans l'eau qui autrement abîmeraient la paroi métallique du réservoir, favoriseraient sa corrosion et provoqueraient des fuites. Il importe de remplacer un réservoir qui fuit. Par conséquent, l'anode de magnésium prolonge la durée du réservoir.

Les chauffe-eau à gaz comportent également un conduit qui achemine hors de la maison les émanations toxiques de monoxyde de carbone. Ces émanations peuvent être produites par le gaz naturel lorsqu'il ne brûle pas comme il se doit.

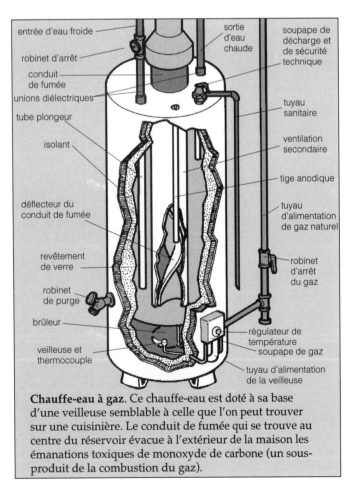

Chauffe-eau à gaz. Ce chauffe-eau est doté à sa base d'une veilleuse semblable à celle que l'on peut trouver sur une cuisinière. Le conduit de fumée qui se trouve au centre du réservoir évacue à l'extérieur de la maison les émanations toxiques de monoxyde de carbone (un sous-produit de la combustion du gaz).

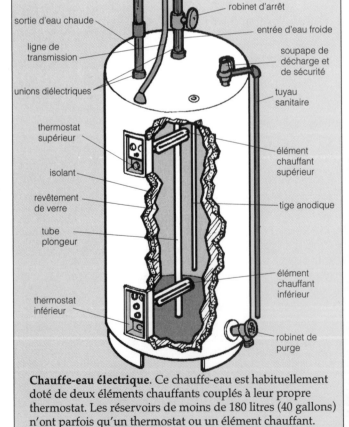

Chauffe-eau électrique. Ce chauffe-eau est habituellement doté de deux éléments chauffants couplés à leur propre thermostat. Les réservoirs de moins de 180 litres (40 gallons) n'ont parfois qu'un thermostat ou un élément chauffant.

Production de chaleur

Les chauffe-eau électriques de plus de 180 litres (40 gallons) sont en général dotés de deux éléments chauffants qui sont raccordés au panneau conjoncteur-disjoncteur de la maison. L'un des éléments se trouve dans la partie inférieure du réservoir alors que l'autre se trouve dans sa partie supérieure. Chaque élément est jumelé à son propre thermostat. Les chauffe-eau électriques de moindre capacité ne comportent qu'un seul élément chauffant.

Afin de produire de la chaleur, un chauffe-eau à gaz doit être doté d'une boîte de commandes qui abrite l'appareil de réglage de la veilleuse, le bouton de commande de température et le bouton de rallumage de la veilleuse. L'appareil de réglage de la veilleuse permet de couper l'alimentation en gaz lorsqu'il faut procéder à une réparation ou que l'on quitte la maison pendant un certain temps.

On peut régler la veilleuse selon trois positions : sous tension, arrêt et veille. Lorsque l'appareil est sous tension, le gaz se rend au brûleur et à la veilleuse. Cette dernière reste toujours allumée. Le brûleur s'active lorsque le thermostat détecte que la température de l'eau est trop froide et qu'il ouvre un robinet afin que le gaz parvienne au brûleur.

Lorsque l'appareil de réglage est en position d'arrêt, le gaz ne peut se rendre au brûleur ou à la veilleuse. Cette dernière est alors éteinte.

Lorsque l'appareil de réglage est mis en veille, le gaz ne peut parvenir au brûleur mais il se rend à la veilleuse qui reste toujours allumée.

Le bouton de rallumage de la veilleuse, qui se trouve à côté de l'appareil de réglage du brûleur, sert comme son nom l'indique à rallumer la veilleuse après qu'on l'a mise en position d'arrêt ou après qu'un coup de vent l'a soufflée.

Nous verrons à la page 54 comment employer cette fonction.

Un thermocouple est un dispositif de sécurité intégré à la veilleuse. Il interrompt automatiquement l'alimentation en gaz si la flamme s'éteint en raison d'un mauvais fonctionnement ou d'un coup de vent. Grâce à cette fonction, le gaz ne s'échappera pas dans la maison.

Si l'appareil de réglage de votre chauffe-eau à gaz occasionne d'autres inconvénients que d'avoir à rallumer la veilleuse de temps en temps, communiquez avec la société de gaz qui dessert votre région. Il lui incombe de veiller à la sécurité et au bon fonctionnement des composants de votre chauffe-eau qui ont trait à son alimentation en gaz. En général, ce service est offert gracieusement ou moyennant des frais modiques.

Isolation des tuyaux et du chauffe-eau

Si l'eau chaude semble souvent manquer, vous devriez isoler le chauffe-eau (à gauche) et les tuyaux d'alimentation en eau chaude (à droite). Vous trouverez une panoplie de matériaux isolants dans les quincailleries et chez les fournisseurs de matériaux de plomberie. Les fabricants prétendent que l'isolation d'un chauffe-eau permet d'économiser le carburant et, par conséquent, de réduire les frais d'exploitation.

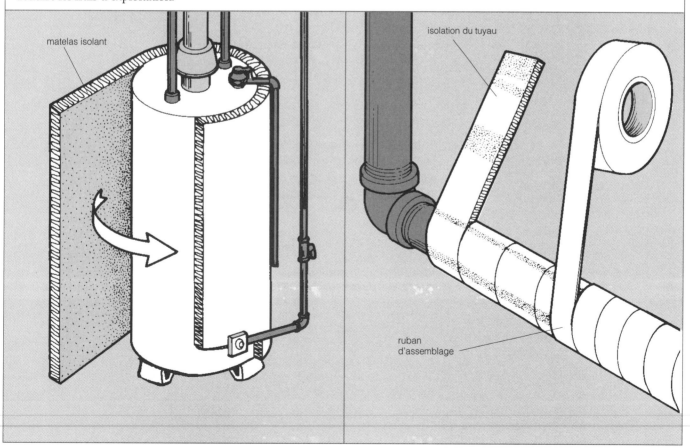

matelas isolant

isolation du tuyau

ruban d'assemblage

Purge du réservoir

Si vous manquez souvent d'eau chaude, vous pourriez y remédier en purgeant le réservoir afin de le débarrasser des sédiments qui s'y entassent. De plus, soustraire chaque mois, un ou deux seaux d'eau du réservoir, pourrait atténuer les bruits qui se produisent lorsque des sédiments s'y accumulent.

Il faut également purger le réservoir pour le vider complètement si la maison est inoccupée pendant la froide saison et ce, afin d'empêcher les canalisations et le réservoir de se fissurer sous l'effet du gel.

Afin de vider un réservoir, il suffit de suivre les indications suivantes :

1 **Extinction de la source d'énergie**. S'il s'agit d'un chauffe-eau électrique, enlevez le fusible ou mettez le disjoncteur en position arrêt ; si vous possédez un chauffe-eau à gaz, réglez le régulateur de température à la position arrêt.

2 **Purge du réservoir**. Fermez le robinet d'arrêt du tuyau d'eau froide. Ouvrez tous les robinets d'eau chaude de la maison et laissez-les dans cette position.

Fixez un tuyau d'arrosage au robinet de purge afin de vidanger l'eau qui se trouve dans le réservoir que vous évacuerez dans un puisard, un tuyau d'évacuation ou à l'extérieur de la maison. Le bec du tuyau doit être plus bas que le robinet de purge. Ouvrez le robinet de purge et laissez l'eau s'évacuer complètement. Cela peut prendre quelque temps ; il faut donc être patient.

Lorsque le réservoir est vide, essayez de le faire basculer en direction du robinet de purge sans toutefois exercer une trop forte pression sur les canalisations. L'exercice consiste à faire sortir le plus d'eau possible sans endommager le réservoir.

3 **Remplissage du réservoir**. Afin de remplir le réservoir, fermez le robinet de purge et ouvrez celui de l'alimentation en eau froide. Lorsque le réservoir est plein, l'eau jaillira des robinets d'eau chaude qui sont restés ouverts.

Fermez les robinets et ramenez l'électricité s'il s'agit d'un chauffe-eau électrique. Dans le cas d'un chauffe-eau à gaz, rallumez la veilleuse en observant les indications qui paraissent sur la plaque apposée.

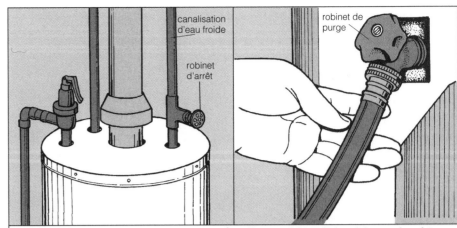

Purge du réservoir. Afin de purger un chauffe-eau, il faut d'abord fermer le robinet d'arrêt de la canalisation d'eau froide pour empêcher l'eau de se rendre au réservoir. Il faut ensuite fixer un tuyau d'arrosage au robinet et amener le tuyau à un puisard ou un canal d'évacuation qui se trouve sous le niveau du robinet.

Rallumage de la veilleuse

Si vous mettez en position arrêt l'appareil de réglage de la veilleuse d'un chauffe-eau à gaz, celle-ci s'éteindra. Un courant d'air peut également éteindre la veilleuse. Mais si elle continue de s'éteindre après que vous l'avez rallumée, vous devez prévenir la société de gaz.

Afin de rallumer une veilleuse, il suffit de suivre ces indications :

1. Réglez l'appareil de réglage à la position de veille.

2. Enlevez les couvercles extérieurs et intérieurs du brûleur et de la veilleuse. Pour ce faire, il suffit généralement de les soulever.

Mise en garde : Si le brûleur était sous tension avant que la veilleuse ne meure, le couvercle intérieur devrait être brûlant.

3. Tenez une allumette allumée à proximité de la veilleuse et appuyez sur le bouton de rallumage qui se trouve à côté du bouton de réglage du brûleur. La veilleuse devrait s'allumer. Éteignez l'allumette mais continuez d'appuyer sur le bouton de rallumage pendant 60 secondes.

4. Si la flamme reste allumée, mettez le réglage du brûleur sous tension et remettez les couvercles en place.

Réglage de la température

La température à laquelle on peut conserver l'eau au degré le plus bas qui soit et qui apporte les meilleurs résultats est d'environ 50 °C (120 °F).

Vous n'obtiendrez pas une plus grande quantité d'eau chaude si vous augmentez la température. Vous n'aurez que de l'eau plus chaude. Si de la vapeur monte de l'eau qui coule du robinet, c'est qu'elle est beaucoup trop chaude.

Chauffe-eau à gaz

Afin de régler au degré voulu la température de l'eau produite par un chauffe-eau à gaz, tenez un thermomètre calibré sous un robinet d'eau chaude pendant deux minutes ; il doit alors indiquer au moins 70 °C (160 °F).

Si l'eau n'est pas à la température désirée, tournez le bouton de commande de température jusqu'au degré souhaité, dans le sens horaire si vous voulez augmenter la température et dans le sens contraire des aiguilles d'une montre si vous voulez la baisser.

Le bouton de commande de température d'un chauffe-eau à gaz ne comporte généralement pas de marques numériques en degrés. Chaque marque représente une hausse ou une baisse d'environ 10 degrés.

Chauffe-eau électriques

Le bouton de commande de température d'un chauffe-eau électrique compte habituellement des marques numériques en degrés. Ce type de bouton n'est cependant pas visible et est par conséquent plus difficile à atteindre que le bouton équivalent d'un chauffe-eau à gaz.

Si votre chauffe-eau compte deux éléments chauffants, chacun est doté d'un bouton de commande qui lui est propre. Un ou deux couvercles vissés au réservoir les dissimulent. Suivez les indications suivantes :

Enlevez le fusible ou désactivez le disjoncteur qui protège le circuit électrique desservant le chauffe-eau.

Il faut enlever les vis qui retiennent le ou les couvercles au réservoir, après quoi il faut enlever ces derniers.

S'il se trouve un panneau d'isolation sous les couvercles, enlevez-le. Si l'isolant est en fibre de verre, enfilez des gants afin de protéger vos mains et dégagez les boutons de commande de température de la fibre de verre.

À l'aide d'un tournevis, réglez un bouton de commande à la température voulue, puis l'autre. Les deux boutons doivent être réglés à la même température.

Remettez l'isolant et les couvercles en place.

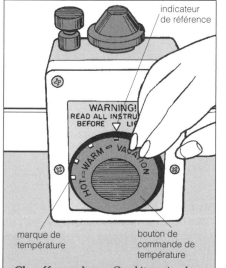

marque de température

bouton de commande de température

indicateur de référence

Chauffe-eau à gaz. On détermine la température de l'eau en tournant le bouton de commande de température jusqu'à la marque voulue vis-à-vis de l'indicateur de référence. Vérifiez la température de l'eau à l'aide d'un thermomètre.

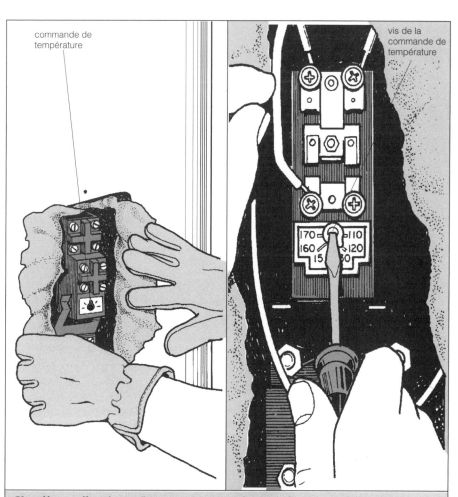

commande de température

vis de la commande de température

Chauffe-eau électriques. Lorsque vous avez désactivé le courant, dévissez les couvercles du réservoir et dégagez l'isolant afin d'apercevoir la commande de température (à gauche). Avant de tourner la vis de la commande de température vis-à-vis le degré voulu, vérifiez que le courant est hors circuit. La commande de température d'un chauffe-eau électrique porte des marques numériques en degrés (à droite).

Réparation :
la soupape de décharge et de sécurité technique

La soupape de décharge et de sécurité technique est le plus important composant ayant trait à la sécurité d'un chauffe-eau. Nous verrons ici comment déceler qu'une telle soupape fonctionne mal et comment la remplacer. La soupape se trouve sur le côté ou sur le dessus du réservoir.

Remplacement de la soupape de décharge et de sécurité technique

Lorsque l'eau goutte du tuyau raccordé à la soupape de décharge et de sécurité technique, c'est que cette dernière doit être remplacée. Vérifiez que l'eau n'est pas trop chaude en raison d'un dérèglement du thermostat.

1 Vérification de la soupape. Vérifiez de temps en temps le fonctionnement de la soupape pour vous assurer qu'elle est toujours en état de fonctionnement. Posez un seau sous le tuyau de raccordement à la soupape et soulevez son levier. Si elle fonctionne mal, remplacez-la.

Après avoir coupé le gaz ou l'électricité, fermez le robinet d'arrêt de l'eau froide. N'actionnez aucun robinet de la maison. Si cela est impossible, fermez la principale conduite d'eau.

2 Retrait du tuyau de raccordement. Ouvrez la soupape de décharge et faites évacuer l'eau jusqu'à ce qu'elle atteigne le niveau de la soupape. Saisissez la soupape de décharge et de sécurité technique à l'aide d'une clé à tuyau et, à l'aide d'une autre clé, délogez le tuyau de délestage de la soupape. Desserrez la soupape de

décharge.

3 Retrait de la soupape. Enfilez des gants de protection ; la soupape risque d'être brûlante et sale.

4 Remplacement de la soupape. Procurez-vous une nouvelle soupape de décharge et de sécurité technique dotée de la même cote BTU/heure que le chauffe-eau. Voyez la plaque indicatrice fixée au chauffe-eau afin de connaître cette cote.

5 Installation de la soupape. Entourez le filetage de la nouvelle soupape de ruban pour joints filetés et vissez-la fermement au réservoir.

6 Installation du raccordement à la soupape. Entourez le filetage du tuyau de délestage de ruban pour joints filetés et vissez-le à la soupape de décharge.

1 Posez un seau sous le tuyau de délestage et soulevez la poignée de la soupape.

2 Enlevez la soupape de décharge et de sécurité technique.

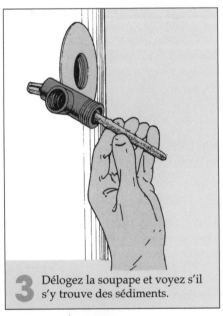

3 Délogez la soupape et voyez s'il s'y trouve des sédiments.

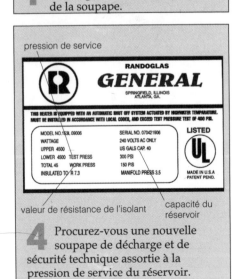

4 Procurez-vous une nouvelle soupape de décharge et de sécurité technique assortie à la pression de service du réservoir.

5 Étanchez le filetage et installez la nouvelle soupape de décharge et de sécurité technique.

6 Étanchez le filetage et fixez le tuyau de délestage à la soupape de décharge.

ENGORGEMENT DES TUYAUX

Les tuyaux des éviers et des baignoires de nos maisons sont souvent engorgés. Dans la plupart des cas, il est relativement facile de désengorger une canalisation obstruée, bien qu'il puisse s'agir d'un sale boulot. Il est préférable de s'atteler à un tuyau d'évacuation visiblement lent plutôt que d'attendre qu'il soit complètement obstrué.

Désengorger le tuyau d'évacuation d'un évier

Après les robinets qui fuient, les tuyaux d'évacuation engorgés vous causeront probablement vos pires ennuis en ce qui concerne la plomberie. Habituellement, la faute n'incombe pas à l'installation mais aux utilisateurs. Les siphons et les tuyaux d'évacuation sont censés véhiculer des liquides et non des matières solides. Les cheveux, les restes de savon, les morceaux d'aliments et la graisse qui circulent à l'intérieur des canalisations peuvent provoquer un engorgement. Sans parler des saletés que les bricoleurs du dimanche passent dans leur évier lorsqu'ils rincent leurs pinceaux et leur couteau à mastic.

Les siphons et les tuyaux d'évacuation des éviers de cuisine munis d'un broyeur à déchets peuvent recevoir des amas de saletés. Ils ne s'engorgeront pas aussi longtemps qu'une grande quantité d'eau chasse cet amas.

Afin de désengorger un tuyau d'évier ou de lavabo obstrué, il faut procéder en partant de l'étape la plus simple vers la plus difficile. Tentez d'abord de le déboucher à l'aide d'une ventouse ; si cela ne donne rien, employez un furet.

Les nettoyeurs chimiques sont déconseillés. Les méthodes mécaniques sont beaucoup plus efficaces. Toutefois, si vous décidez d'employer un nettoyeur chimique malgré les mises en garde, suivez attentivement les indications paraissant sur le conditionnement du produit et portez des lunettes de protection, des gants de caoutchouc et des vêtements qui vous protègent.

Remarque : Si vous tentez de désengorger le tuyau d'évacuation d'un lavabo, il faut en premier lieu libérer l'obturateur à clapet et sortir l'obturateur de l'orifice. Vous serez étonné de la quantité de résidus de savon et de cheveux qui peut s'accumuler autour de la tige de l'obturateur. Ils peuvent ralentir l'évacuation de l'eau. Nettoyez ces déchets à l'aide d'essuie-tout et vous pourrez remédier au problème ; sinon, servez-vous du débouchoir à ventouse.

Utilisation d'un débouchoir à ventouse

1. À l'aide de chiffons, obstruez tous les orifices de l'évier ou du lavabo, notamment les orifices de trop-plein et l'embouchure du tuyau d'évacuation de l'autre évier si l'évier engorgé appartient à une paire.

2. Il faut obstruer le tuyau d'évacuation du lave-vaisselle en posant des blocs de bois sur ses surfaces inférieures et supérieures et en les pressant l'un contre l'autre à l'aide d'un serre-joint en C.

3. Étendez une fine couche de vaseline sur le contour du débouchoir afin que la ventouse de caoutchouc adhère mieux au fond de l'évier ou du lavabo.

4. Faites couler de 5 à 10 cm (2 à 3 po) d'eau dans l'évier, posez la ventouse sur l'orifice du tuyau d'évacuation. À l'aide de mouvements rythmés et réguliers vers le bas, tentez de créer un mouvement de succion qui chassera les saletés. Ensuite, effectuez dix mouvements de succion à la fois et vérifiez l'écoulement de l'eau. Si le tuyau est désengorgé, laissez couler l'eau chaude pendant cinq minutes afin de rincer les saletés qui resteraient.

N'oubliez pas d'enlever les chiffons des orifices que vous avez obstrués ainsi que les serre-joints en C et les blocs de bois du tuyau d'évacuation du lave-vaisselle.

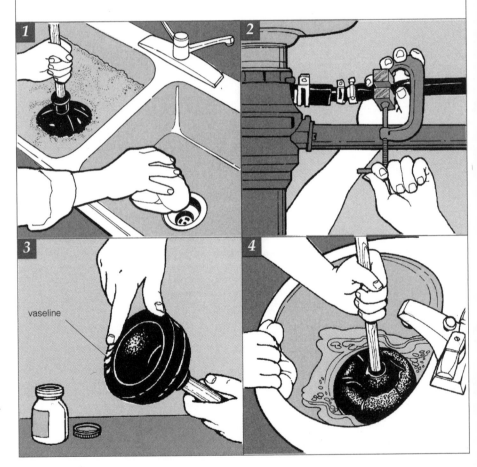

vaseline

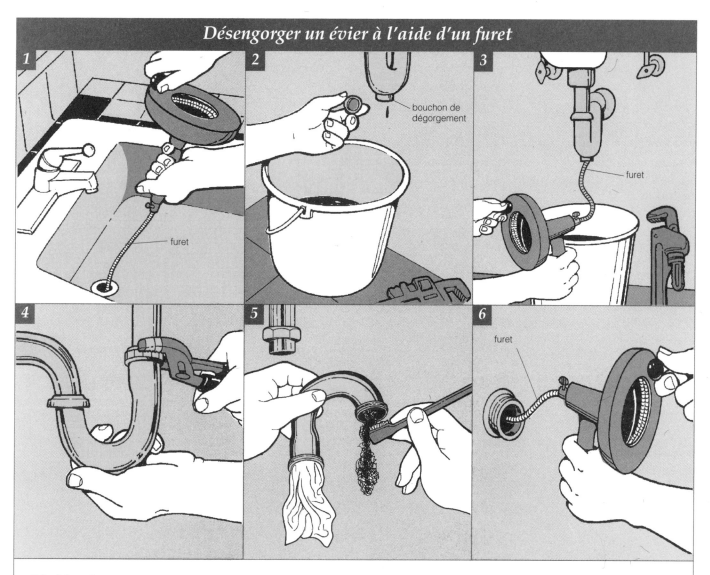

Si le débouchoir à ventouse ne parvient pas à désobstruer le tuyau après cinq essais, il faut songer à une méthode plus draconienne et se prémunir d'un furet ou d'une sonde spirale. Il y a plusieurs manières de procéder à cette opération.

1. Essayez de désengorger le tuyau en introduisant le furet par l'orifice d'évacuation de l'évier.

2. Si cela n'apporte aucun résultat et que le siphon est muni d'un bouchon de dégorgement, dévissez-le afin de le retirer. Posez un seau sous le siphon afin de recueillir l'eau qui s'écoulera lorsque vous enlèverez le bouchon.

3. Essayez de désobstruer le tuyau en introduisant le furet dans l'orifice du tuyau d'évacuation. Lorsque vous remettez le bouchon de dégorgement en place, entourez le filetage de ruban pour joints filetés afin de prévenir une fuite.

4. Si le tuyau est exempt de bouchon de dégorgement, employez une pince réglable ou une clé à tuyau pour défaire les agrafes qui tiennent le siphon. Posez un seau sous le siphon.

5. Nettoyez le siphon à l'aide d'une petite brosse ou en y introduisant un chiffon.

6. Nettoyez le tuyau d'évacuation à l'aide d'un furet. S'il s'agit d'un tuyau de plastique, prenez garde lorsque vous manipulez le furet ; une force excessive risquerait d'abîmer la surface de plastique. Si vous rencontrez une forte résistance, retirez le furet et recommencez. Très souvent, la résistance vient de ce que le furet frappe le tuyau de plastique. Habituellement, les engorgements sont causés par des matières souples à travers lesquelles un furet peut facilement s'introduire.

Remettez le siphon en place et laissez couler l'eau chaude pendant cinq minutes.

Désengorger la sortie de vidange d'une cabine de douche

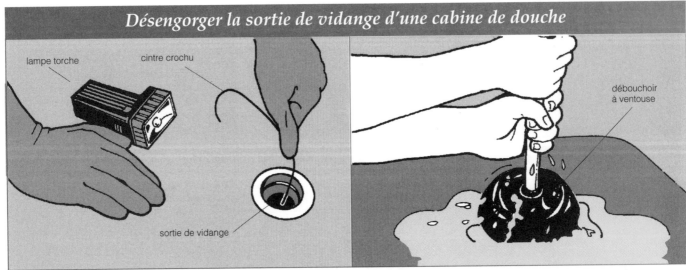

L'engorgement de la sortie de vidange d'une cabine de douche risque fort d'être occasionné par des cheveux agglutinés à des restes de savon. La crépine est l'élément de la sortie de vidange où s'accumule le gros des saletés. Les cheveux agglutinés au savon s'enroulent autour des rainures et finissent par ralentir l'écoulement de l'eau.

Afin que l'écoulement retrouve sa vigueur, retirez la crépine après en avoir enlevé les vis ou en la disjoignant de son orifice si elle n'est pas vissée. Enfilez des gants de caoutchouc afin de protéger vos mains contre les saletés que vous trouverez et nettoyez les rainures de la

crépine avec des essuie-tout. Le cas échéant, employez la tige d'une alêne ou d'un tournevis pour déloger les cheveux emmêlés.

Lavez la crépine mais, avant de la remettre en place sur la sortie de vidange, ouvrez le robinet et voyez comment circule l'eau à l'intérieur du tuyau d'écoulement ; il se peut que la crépine ne soit pas la source du problème.

Si l'eau s'écoule librement, remettez la crépine en place. Si l'eau reflue, formez un crochet avec un cintre de métal que vous aurez déplié. Éclairez l'intérieur de

la sortie de vidange à l'aide d'une lampe torche pour essayer d'apercevoir le bouchon de cheveux qui peut l'obstruer. Servez-vous du cintre crochu pour tenter de déloger les cheveux (à gauche).

Posez la ventouse d'un débouchoir sur la sortie de vidange, faites couler l'eau jusqu'à ce que la ventouse soit immergée et pompez vigoureusement de haut en bas à plusieurs reprises (à droite). La force de la succion désobstruera le siphon. Pour terminer, faites couler une grande quantité d'eau chaude dans la sortie de vidange.

Désengorger la sortie de vidange d'une baignoire

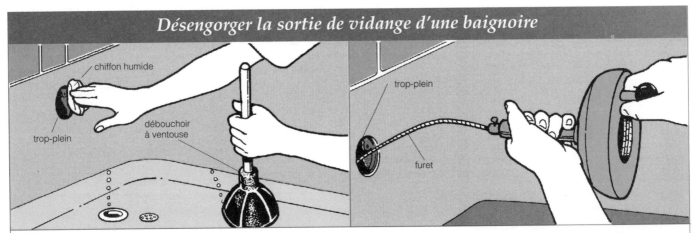

Si le nettoyage de l'obturateur à clapet ne change rien à l'écoulement de l'eau de la baignoire (voir la page 49), employez un débouchoir à ventouse. Enlevez la plaque qui couvre le trop-plein et fourrez-y un chiffon humide afin d'en obstruer l'orifice. Emplissez la baignoire d'eau jusqu'à immerger la ventouse du débouchoir. À présent,

posez la ventouse sur la sortie de vidange et pompez de haut en bas aussi vigoureusement que vous le pouvez. Obervez les résultats.

Si l'eau s'écoule bien, faites couler une quantité d'eau chaude dans la sortie de vidange. Mais si elle est encore engorgée, il faut la nettoyer à l'aide d'un furet.

Enlevez la plaque du trop-plein et retirez l'obturateur à clapet ou à tige de levage. Introduisez le furet dans le trop-plein afin d'aléser la sortie de vidange et le siphon.

Désengorger la sortie de vidange d'une cuvette

Si l'eau monte jusqu'au bord de la cuvette ou si elle déborde, il est probable que quelque chose obstrue le siphon et empêche l'eau et ce qu'elle contient de passer dans le tuyau d'évacuation. Habituellement, on parvient à remédier au problème sans difficulté.

Premier essai

Enlevez de l'eau de la cuvette à l'aide d'une vieille tasse ou d'une boîte de conserve vide.

Posez un petit miroir en angle à l'intérieur du tuyau d'évacuation et projetez-y le faisceau d'une lampe torche de manière à ce que le rayon de lumière éclaire l'intérieur de la canalisation.

Si vous repérez ce qui gêne la circulation de l'eau, essayez de le dégager à l'aide du crochet d'un cintre de métal que vous aurez déplié.

Débouchoir à ventouse

Si vous ne parvenez pas à désengorger la canalisation à l'aide du crochet, prenez le débouchoir à ventouse. Pour débloquer une cuvette, il faut se servir d'un débouchoir doté d'une bride. Vous parviendrez à dégager la plupart des cuvettes engorgées à l'aide de cet outil.

Introduisez la ventouse dans le tuyau d'évacuation, exercez une pression et pompez vigoureusement à plusieurs reprises. Par la suite, tirez la chasse d'eau pour voir ce qu'il en est.

Mise en garde : Gardez une main sur le robinet d'arrêt au cas où l'eau monterait jusqu'à déborder de la cuvette.

Refaites l'opération à quatre ou cinq reprises avant de renoncer et de chercher un dégorgeoir.

Dégorgeoir

Un dégorgeoir est flexible ; il peut donc se modeler aux formes du tuyau qui forment le siphon tout en étant suffisamment rigide pour percer pratiquement n'importe quelle matière qui l'obstrue. Il s'agit d'un outil plutôt coûteux que vous pourriez louer plutôt qu'acheter.

En premier lieu, insérez la l'extrémité du furet à l'intérieur de la cuvette. Tournez la manivelle pour qu'il pénètre à l'intérieur

de la canalisation. Lorsqu'il se heurte aux matières qui obstruent son passage, tournez la manivelle et poussez avec plus de force. Refaites l'opération à plusieurs reprises. Tirez ensuite la chasse d'eau tout en gardant une main sur le robinet d'arrêt.

Vérification

Afin de vérifier si l'opération a porté fruits, jetez entre 6 et 9 m (20 et 30 pi) de papier hygiénique dans la cuvette et tirez la chasse d'eau. Gardez une main sur le robinet d'arrêt par mesure de précaution. Si le papier est entraîné avec vigueur

vers le tuyau d'évacuation, vous avez réussi ; sinon, il faut reprendre avec le débouchoir ou le furet.

Mesure draconienne

Si le siphon est engorgé à un point tel que même le furet ne parvient pas à le désobstruer, dévissez la cuvette du sol, tournez-la à l'envers et nettoyez le siphon. Nous avons vu comment sortir une cuvette de son socle à la page 38.

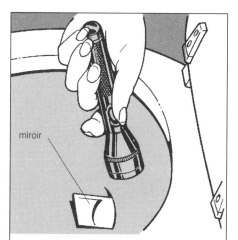

Premier essai. À l'aide d'un petit miroir et d'une lampe torche, vous pourrez parvenir à apercevoir ce qui gêne la partie supérieure du siphon. Le cas échéant, essayez de dégager la canalisation à l'aide du crochet d'un cintre.

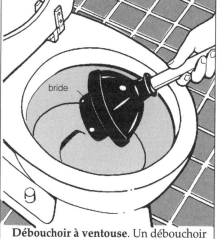

Débouchoir à ventouse. Un débouchoir dont la bordure est dotée d'une bride multipliera la force de succion et désengorgera mieux une canalisation bloquée qu'une ventouse qui en serait dépourvue.

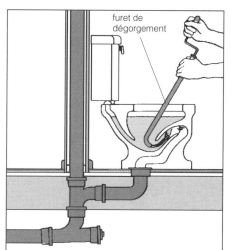

Dégorgeoir. L'extrémité du furet est suffisamment souple pour épouser les courbes du siphon. Insérez-le dans la cuvette et actionnez la manivelle.

Mesure draconienne. Si vous ne parvenez pas à désobstruer le siphon à l'aide d'un débouchoir ou d'un furet, retirez la cuvette (voir la page 38) et abordez le problème de dessous.

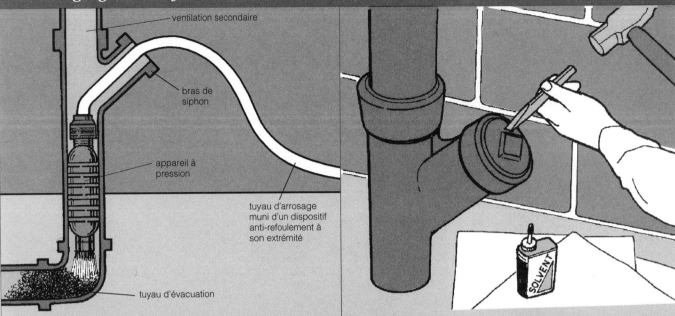

ventilation secondaire

bras de siphon

appareil à pression

tuyau d'arrosage muni d'un dispositif anti-refoulement à son extrémité

tuyau d'évacuation

SOLVENT

1 Si l'engorgement d'un tuyau résiste au débouchoir à ventouse et au furet, vous pourriez vous servir d'un appareil qui exerce une forte pression d'eau sur les matières qui obstruent la canalisation avant de téléphoner au plombier. On peut se procurer ou louer cet appareil auprès d'un fournisseur de matériaux de plomberie.

2 Les pires engorgements sont attribuables aux matières, comme les racines d'arbres, qui envahissent le tuyau latéral menant à l'égout. Les services d'un plombier seront probablement nécessaires pour venir à bout du problème. Il ouvrira d'abord le bouchon de dégorgement qui lui donnera accès au collecteur principal et à la canalisation latérale.

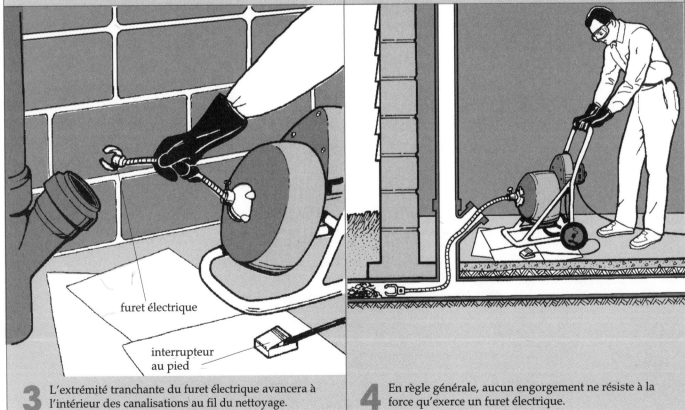

furet électrique

interrupteur au pied

3 L'extrémité tranchante du furet électrique avancera à l'intérieur des canalisations au fil du nettoyage.

4 En règle générale, aucun engorgement ne résiste à la force qu'exerce un furet électrique.

TUYAUX

Plusieurs choses peuvent être faites afin d'assurer
l'entretien d'une installation sanitaire. Les modes
de réparation varient selon que les canalisations
sont en cuivre, en PVC-C ou en acier galvanisé.
Des mesures peuvent être mises en œuvre afin
de faire taire les bruits en provenance des tuyaux
ou pour protéger ces derniers du gel.

Prévention du gel

Lorsqu'une maison est occupée, il existe plusieurs manières de conserver la température des tuyaux au-dessus du point de congélation.

Si le sous-sol ou le vide sanitaire ne sont pas chauffés et que la température peut par conséquent descendre sous le point de congélation, entourez les sections de tuyaux de mousse ou de natte isolante. Les appuis du sous-sol, les vides sanitaires et les joints en porte-à-faux sont les principaux endroits qu'il faut isoler.

Vous pourriez également installer un radiateur indépendant, par exemple un modèle électrique, contrôlé par un thermostat suspendu à une solive. Mais cette solution efficace est aussi onéreuse.

Si les canalisations d'eau passent par des pans de murs extérieurs qui ne sont pas isolés, la chaleur de votre système de chauffage ne les protègera pas du gel. Dans ce cas, quatre possibilités s'offrent à vous : (1) par temps très froid, laissez couler l'eau chaude des robinets à un rythme modéré ; (2) faites souffler de l'isolant dans les murs extérieurs où passent les canalisations ; (3) apportez-leur de la chaleur depuis une source extérieure ; (4) enfin, sectionnez et redirigez les tuyaux pour qu'ils ne se trouvent plus dans les murs extérieurs.

1 Protégez les tuyaux du froid en les entourant de natte ou de mousse isolante.

2 S'il vous reste de l'isolant en fibre de verre, entourez-en les tuyaux plutôt que d'employer de la mousse.

3 On peut également protéger les tuyaux en les entourant d'un ruban qui diffuse de la chaleur (portant le label UL), lequel est alimenté par une prise de courant.

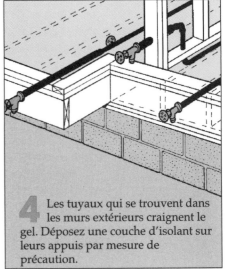

4 Les tuyaux qui se trouvent dans les murs extérieurs craignent le gel. Déposez une couche d'isolant sur leurs appuis par mesure de précaution.

Faire dégeler un tuyau

Lorsqu'un tuyau gèle sans avoir crevé, peu d'eau sort du robinet. Il faut alors chauffer la section gelée à l'aide d'un pistolet thermique ou d'un sèche-cheveux.

Mise en garde : Ne touchez pas au tuyau pendant que vous procédez. Assurez-vous que le pistolet thermique ou le sèche-cheveux possède une mise à la terre.

Exécutez des mouvements de va-et-vient avec le pistolet thermique ou le sèche-cheveux, de sorte que la chaleur ne soit pas concentrée en un même endroit. Vous aurez besoin d'un adjoint qui restera à proximité du robinet et qui surveillera l'écoulement de l'eau. Lorsque l'eau s'écoulera à un rythme normal, l'obstacle aura fondu.

Si vous ignorez quelle section de canalisation a gelé, tâtez les tuyaux avec vos mains. Procédez avec précaution lorsqu'il s'agira des tuyaux d'eau chaude. Habituellement, un tuyau gelé est plus froid que les autres.

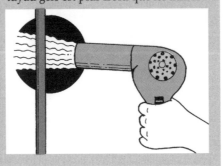

5 Les tuyaux qui courent dans les murs extérieurs peuvent geler et crever. Vous devriez envisager d'y faire souffler un isolant par un professionnel.

S'il est prévu que la maison restera inoccupée durant la saison froide et qu'en conséquence le chauffage ne fonctionnera pas, il faut purger l'installation sanitaire afin de prévenir le gel des tuyaux. Pour ce faire, il suffit de suivre les indications suivantes :

1. La première chose à faire consiste à fermer le principal robinet d'arrêt ou à mettre la pompe submersible hors circuit.

2. Si le chauffe-eau est alimenté à l'électricité, retirez le fusible de la boîte électrique ou mettez le disjoncteur hors circuit. S'il s'agit d'un chauffe-eau à gaz, fermez la principale soupape de gaz.

3. Ouvrez tous les robinets et les robinets de purge (notamment les robinets extérieurs) et tirez la chasse de toutes les cuvettes. Videz les cuvettes à l'aide d'une grosse éponge ou d'une poire à jus. Curez l'eau qui resterait.

4. Purgez le chauffe-eau. Si vous possédez une installation sanitaire particulière, purgez votre citerne ainsi que tout le matériel servant au traitement de l'eau.

5. Si votre système de chauffage fonctionne à l'eau chaude, éteignez le générateur de chaleur et ouvrez les robinets de purge des calorifères, après quoi vous purgerez le générateur de chaleur.

6. Vérifiez les tuyaux, en particulier à proximité des soupapes, à la recherche de boutons circulaires dotés de petits orifices. Ces boutons permettent d'évacuer l'air des tuyaux. Disjoignez-les après avoir fermé la soupape et l'air que le tuyau contient s'en échappera.

7. Procurez-vous de l'antigel chez un quincaillier ou un fournisseur de matériaux de construction. Préparez la solution en fonction de la plus faible température à laquelle la maison risque d'être exposée. Versez environ 225 g (8 oz) d'antigel dans chaque siphon, notamment dans tous les éviers, les cuvettes, les baignoires et dans la colonne montante de la machine à laver. Attention ! Les siphons peuvent être dissimulés.

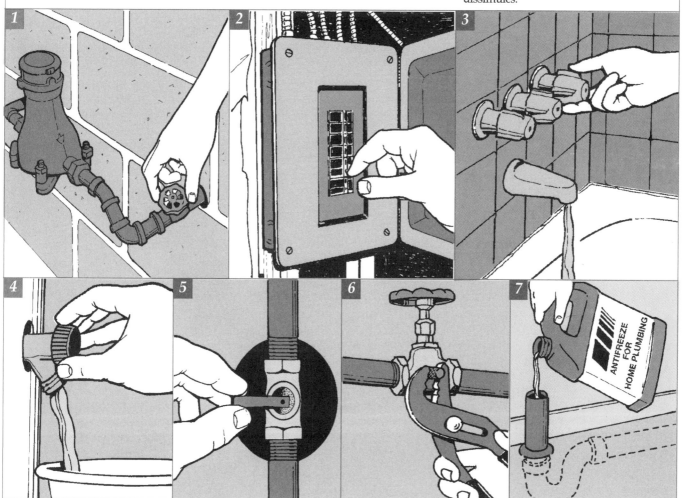

Suppression du bruit dans les tuyaux

Le bruit sourd que l'on entend après avoir fermé ou ouvert rapidement une vanne, qu'il s'agisse d'un robinet, de la machine à laver ou du lave-vaisselle, est habituellement provoqué par un coup de bélier. Le travail peut être facile ou difficile en fonction de la méthode nécessaire afin de remédier au problème. Si le bruit est occasionné par un étrier de suspension trop lâche, la réparation est facile à effectuer. Cependant, si la cause se trouve ailleurs, la réparation exigera davantage de travail.

Purge des tuyaux

Vérifiez les canalisations d'eau qui se trouvent à la vue, par exemple celles qui alimentent la machine à laver. Cherchez les rallonges des tuyaux qui sont couronnés et qui s'élèvent au-dessous ou qui courent au-dessous des robinets d'arrêt. Il s'agit de réservoirs d'air. Si les tuyaux exposés à la vue en sont dotés, on peut croire que toutes les canalisations d'eau de la maison en sont également munies. Le problème ne provient pas d'une absence de réservoirs d'air.

De temps en temps, il appert qu'un ou plusieurs réservoirs d'air sont gorgés d'eau. Lorsque cela se produit, il ne se trouve plus d'air pour absorber le choc issu de l'eau lorsque le courant est interrompu. Vous remédierez à la situation en suivant les indications suivantes :

■ Fermez le robinet d'arrêt principal de la maison ou mettez la pompe submersible hors tension.

■ Ouvrez tous les robinets et laissez l'eau s'écouler de l'installation sanitaire. Avec le temps, l'eau présente dans les réservoirs d'air pourrait bien s'écouler.

■ Ouvrez le robinet principal. L'eau circulera dans les canalisations sans emplir les réservoirs d'air. Il est commun que les réservoirs d'air se gorgent vite d'eau. Si votre maison est assaillie par les coups de bélier, installez des amortisseurs de choc mécaniques.

Remarque : Même si toutes les canalisations d'eau de la maison sont dissimulées à la vue et que vous ne pouvez déterminer si elles sont dotées ou non de réservoirs d'air, prenez le temps d'accomplir cette tâche.

Calage des tuyaux

Si la méthode décrite précédemment ne parvient pas à freiner les coups de bélier, adoptez comme hypothèse que le bruit provient d'un tuyau qui vibre contre un élément de la charpente de la maison. Il est plutôt facile d'assujettir les tuyaux qui sont visibles.

Vérifiez les tuyaux d'un bout à l'autre, en particulier ceux qui s'appuient contre une solive. Insérez de l'isolant entre le tuyau et la solive qui amortira les chocs.

Vérifiez les tuyaux métalliques qui sont pendus aux solives. Peut-être les étriers de suspension ne sont-ils pas assez nombreux ou peut-être l'un d'eux est-il disjoint ? Les étriers de suspension doivent être fabriqués à partir du même métal que les tuyaux afin de prévenir une réaction galvanique. Le tuyau doit être solidement fixé, de sorte qu'il bouge peu ou pas. Assurez-vous qu'un étrier de suspension est fixé à chaque solive pour soutenir les tuyaux de métal.

Il faut prévoir d'autres dispositions dans le cas des canalisations d'eau en polychlorure de vinyle surchloré qui tiennent compte de l'expansion et de la contraction thermique. En conséquence, assurez-vous que ce type de canalisation est soutenu à tous les 80 cm (32 po), soit toutes les deux solives. Fixez des étriers de suspension en plastique prévus pour les canalisations en PCV-C. Ils permettent au PCV-C de glisser d'un côté et de l'autre alors que la température change à l'intérieur des canalisations. On se procure les étriers de suspension chez un fournisseur de matériaux de plomberie.

Mise en place de réservoirs d'air

Si les méthodes précédentes ne résolvent pas le problème, il faudra probablement adjoindre des réservoirs d'air ou des amortisseurs de choc à l'installation sanitaire. Il faudra en doter chaque canalisation d'eau chaude et d'eau froide raccordée à un robinet et à un électroménager. Cette tâche n'est pas très difficile à accomplir lorsque les canalisations sont exposées à la vue. Toutefois, lorsqu'elles sont dissimulées, il faut ouvrir les murs.

Remarque : Il y a deux façons de faire ce travail : (1) poser des réservoirs d'air selon la méthode présentée ici (la façon la plus économique qui soit). Le calibre des réservoirs d'air doit être un degré supérieur à celui des canalisations. (2) Posez des amortisseurs de choc qui sont des dispositifs mécaniques fonctionnant à partir de pistons ou de soufflets. Les amortisseurs de choc (en vente chez les fournisseurs de matériaux de plomberie) sont faciles à installer mais sont plus coûteux que les réservoirs d'air. Les indications relatives à leur pose sont incluses.

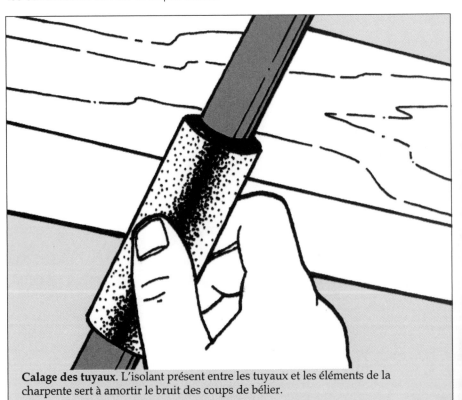

Calage des tuyaux. L'isolant présent entre les tuyaux et les éléments de la charpente sert à amortir le bruit des coups de bélier.

Mise en place des amortisseurs de choc

1. Fermez l'alimentation en eau et purgez l'installation sanitaire. Taillez un tuyau de cuivre ou de PCV-C aussi près que possible du robinet ou de la soupape de prise d'eau afin qu'il puisse recevoir un raccord en T de cuivre ou de PCV-C.

2. Brasez un raccord en T de cuivre à un tuyau de cuivre, sinon soudez au solvant un raccord en T de PCV-C à un tuyau de PCV-C.

3. Brasez un mamelon de cuivre ou au solvant un mamelon de PCV-C au raccord en T.

4. Brasez un raccord réducteur de cuivre ou soudez au solvant un raccord réducteur de PCV-C au mamelon. Si la canalisation d'eau mesure 1 cm (1/2 po), fixez un raccord réducteur de 1 à 2 cm (1/2 à 3/4 po). Si la canalisation d'eau fait 2 cm (3/4 po), fixez un raccord réducteur de 2 à 2,5 cm (3/4 à 1 po).

5. Brasez ou soudez au solvant (selon ce qui convient) le réservoir d'air au raccord réducteur. Si la canalisation d'eau mesure 1 cm (1/2 po), le réservoir d'air doit faire au moins 30 cm (12 po) de longueur. Si la canalisation d'eau mesure 2 cm (3/4 po), le réservoir d'air doit faire au moins 45 cm (18 po) de longueur.

6. Resserrez le réservoir d'air à l'aide de deux clés.

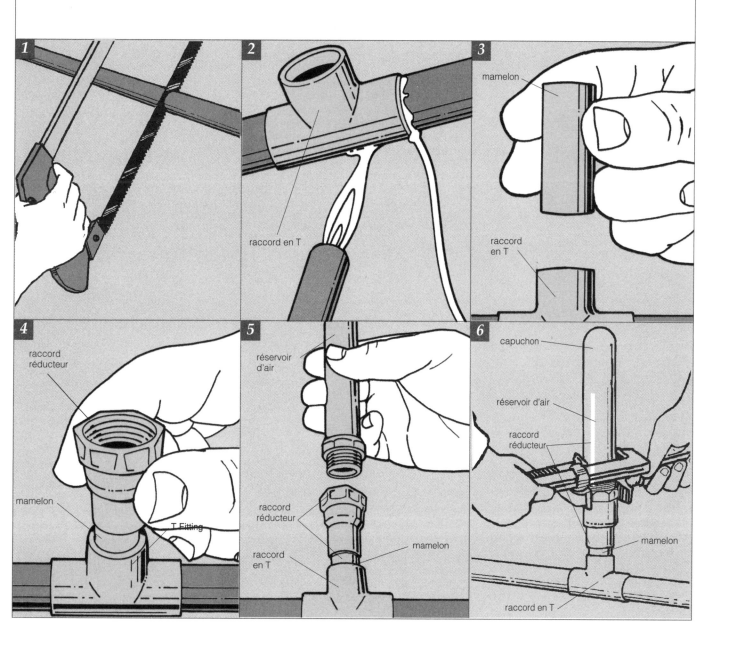

Réparation d'un tuyau de cuivre

Avant d'aller plus avant, il nous faut préciser certains mots et expressions, notamment quand on parle de réparation permanente. Plusieurs méthodes permettent de colmater les fuites d'un tube ou d'un tuyau de cuivre, entre autres la mise en place d'un collier de serrage qui vient couvrir la fissure en cause. Mais il ne s'agit que de mesures temporaires (voir l'encadré ci-dessous), sauf si l'on taille la section abîmée et qu'on la remplace par une neuve tel que nous le décrirons.

Il nous faut également préciser la différence entre un tube et un tuyau de cuivre. Bien que l'on emploie fréquemment ces mots comme s'ils étaient synonymes, aux fins de compréhension de cette section nous emploierons le mot « tuyau » pour désigner la canalisation rigide vendue en longueurs de 3 et de 6 m (10 et 20 pi), alors que le mot « tube » renverra au tuyau souple que l'on vend en serpentins de 3 à 18 m (10 à 60 pi).

Les tuyaux et les tubes de cuivre sont proposés selon trois calibres, à savoir K, L et M. Le calibre K est le plus lourd, M le plus mince et L est leur intermédiaire. On se sert du tuyau de cuivre de calibre M pour acheminer l'eau dans la plupart des résidences. Toutefois, certains codes de plomberie municipaux exigent que l'on emploie des tuyaux ou des tubes de cuivre de calibre L ou K.

Chaque calibre est proposé en plusieurs diamètres mais les installations sanitaires de la plupart des résidences exigent des tubes ou tuyaux dont le diamètre mesure 1 cm, 1,25 cm, 2 cm ou 2,5 cm (3/8, 1/2, 3/4 ou 1 po). Le calibre d'un tuyau ou d'un tube de cuivre est une mesure nominale. Si vous prévoyez vous servir d'un tuyau et de raccords de cuivre qui seront soudés à la brasure, commandez les matériaux en fonction du diamètre intérieur. Si vous projetez employer un tube et des raccords à compression, commandez vos matériaux en fonction du diamètre extérieur.

Le moyen le plus facile de déterminer le calibre, le diamètre et la dureté des tuyaux ou tubes de cuivre de votre maison et, par conséquent, ceux des pièces de rechange qu'il vous faut acheter afin de remplacer celles qui fuient, est de les emporter chez votre fournisseur de matériaux de plomberie. Les employés vous aideront à choisir le raccord de cuivre qui convient à votre installation.

Un raccord est une pièce destinée à l'assemblage, sans fuite, de deux éléments auxquels elle est fixée. Il existe des raccords à deux extrémités, d'autres en comptent trois (on parle d'un raccord en T). Un coude est un raccord courbé dont on se sert afin de réunir deux tuyaux ou tubes de manière à former un angle de 45 ou de 90 degrés.)

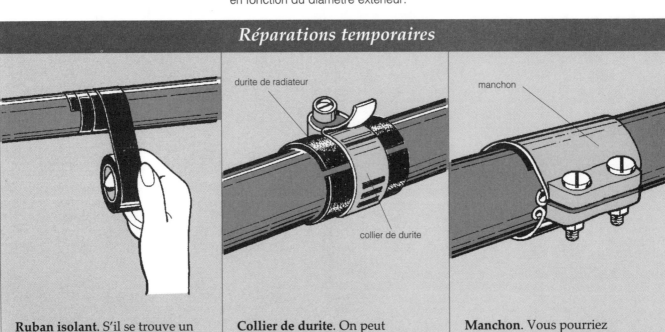

Réparations temporaires

Ruban isolant. S'il se trouve un trou d'épingle à la surface d'un tuyau, vous pouvez colmater temporairement la fuite en le purgeant avant de l'assécher soigneusement pour ensuite l'entourer de plusieurs couches de ruban isolant. Cette réparation est au mieux temporaire.

Collier de durite. On peut également colmater temporairement un tuyau de cuivre qui fuit à l'aide d'une durite de radiateur que l'on aura tranchée et d'un collier de durite. Entourez le tuyau de la durite de sorte qu'elle couvre bien la région qui fuit, ouvrez le collier et serrez-le autour de la durite.

Manchon. Vous pourriez également mettre en place un manchon conçu expressément afin de colmater une fuite. Là encore, il s'agit d'une mesure temporaire. Vous trouverez plusieurs types de manchon chez votre fournisseur de matériaux de plomberie.

durite de radiateur

collier de durite

manchon

Préparation à la brasure

Fermez le robinet principal qui se trouve à proximité du compteur d'eau ou désactivez la pompe submersible. Tirez la chasse d'eau de toutes les toilettes et ouvrez tous les robinets, dont ceux qui se trouvent à l'extérieur de la maison. Laissez-les ouverts jusqu'à ce que la réparation soit terminée et que le courant d'eau soit rétabli.

1 Retrait du vieux tuyau. Mesurez au moins 15 cm (6 po) de chaque côté de la fissure du tube ou du tuyau. Assujettissez le coupe-tuyau sur l'une des marques que vous venez de tracer sur le tube ou le tuyau et faites-lui exécuter un tour complet. Resserrez le manche du coupe-tuyau et faites-lui exécuter un autre tour. Poursuivez de même jusqu'à ce que le tuyau ou le tube soit sectionné.

Refaites la même chose sur l'autre marque. Travaillez de main ferme pour vous assurer que les extrémités du tuyau sont bien droites.

2 Taille du tuyau neuf. Vous devez à présent tailler un tuyau ou un tube de rechange de la même longueur que celui que vous venez d'enlever. Il importe de vous assurer que les extrémités sont taillées droit ; aussi, servez-vous du coupe-tuyau ou d'une scie à métaux et d'une boîte à onglet.

3 Ébarbure. Après avoir taillé le tuyau ou le tube fissuré ainsi que la pièce de rechange, poncez les bavures aux extrémités des tuyaux ou des tubes à l'aide d'un alésoir. Il y en a quatre en tout.

4 Nettoyage des tuyaux. La dernière étape préalable à la brasure est le ponçage des extrémités de tous les éléments ainsi que de l'intérieur des raccords à l'aide d'une toile d'émeri. On fait ainsi disparaître toute trace d'oxydation qui pourrait avoir une incidence sur l'intégrité des joints brasés. Appliquez une fine couche de décapant résistant à la corrosion sur les extrémités des tuyaux et à l'intérieur des raccords.

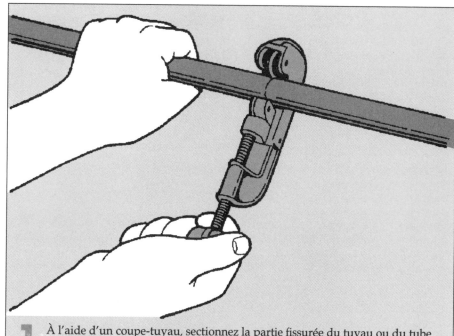

1 À l'aide d'un coupe-tuyau, sectionnez la partie fissurée du tuyau ou du tube de cuivre. Enlevez-en au moins 15 cm (6 po) et prévoyez au moins 2,5 cm (1 po) entre les extrémités de la fissure et l'endroit où vous pratiquez la coupe.

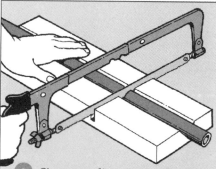

2 Si vous ne disposez pas d'un coupe-tuyau, servez-vous d'une scie à métaux et d'une boîte à onglet pour vous assurer que les extrémités sont bien droites.

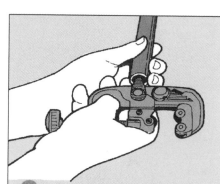

3 Poncez les bavures à l'intérieur du tuyau ou du tube à l'aide d'un alésoir qui sera peut-être jumelé au coupe-tuyau que vous aurez acheté.

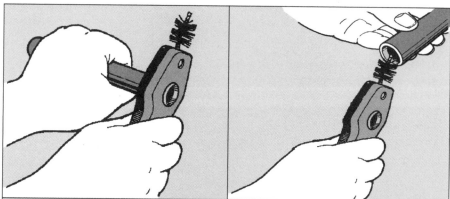

4 Nettoyez les extrémités de tous les éléments qui seront mariés. Cet outil polyvalent comporte un abrasif en plus d'une brosse métallique (à gauche). L'intérieur du raccord et de tous les tuyaux doit être propre (à droite).

5 **Nettoyage de l'humidité**. Abaissez les extrémités du tuyau ou du tube entre lesquelles le tuyau de rechange sera raccordé afin de permettre l'écoulement de l'eau qui se trouverait à l'intérieur. S'il restait quelques gouttes dans le tuyau, elles se transformeraient en vapeur au contact de la chaleur de la brasure, qui creuserait des trous d'épingles dans le joint à brasure tendre par lesquels l'eau fuirait.

Formez une boulette avec de la mie de pain et introduisez-la à l'intérieur du tuyau ou du tube. Ne bourrez pas trop le tuyau. La mie absorbera les gouttelettes d'eau, de sorte qu'elles n'auront aucune incidence sur la brasure. Lorsque vous rétablirez le courant d'eau, il entraînera la mie de pain hors du tube ou du tuyau. Enlevez les aérateurs des robinets de la maison pour qu'ils n'obstruent pas le passage de la mie.

6 **Application du décapant**. Si la brasure que vous employez ne contient pas de décapant, le moment est venu d'en appliquer. À l'aide d'un petit pinceau, appliquez-en une fine couche aux extrémités de chacun des tubes ou tuyaux ainsi qu'à l'intérieur des raccords.

7 **Mise en place des raccords**. Introduisez les raccords dans le tuyau ou le tube déjà en place, insérez la pièce de rechange dans l'ouverture et fixez les raccords de manière à réunir le tuyau ou le tube à la pièce de rechange.

8 **Brasure du joint**. À l'aide d'un chalumeau au gaz propane, faites chauffer la zone entourant les joints pendant que vous tenez la brasure juste au-dessus.

Mise en garde : Enfilez des gants de travail pour protéger vos mains advenant qu'elles touchent le tuyau ou le tube qui pourrait devenir brûlant.

5 S'il reste une trace d'eau dans le tuyau, bourrez-le de mie de pain afin de l'absorber.

6 Appliquez une fine couche de décapant aux extrémités du tuyau ou du tube. Le décapant prévient l'oxydation au moment où le métal est chauffé. L'oxydation empêcherait la brasure de durcir, auquel cas le tuyau fuirait.

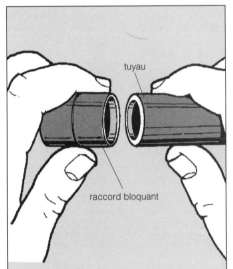

7 Introduisez le raccord aussi profondément que possible dans l'une des extrémités du tuyau, puis faites de même de l'autre côté. Un raccord bloquant tiendra le tuyau de rechange bien en place.

8 Faites chauffer le tuyau pendant environ cinq secondes, puis déplacez le chalumeau vers le raccord pendant que vous tenez la brasure sur le joint. Elle fondra et coulera sur le joint afin de l'étancher.

9 **Protection des murs contre un incendie.** Si vous brasez à proximité d'une solive, d'un panneau de revêtement ou d'un autre matériau inflammable, fixez une plaque à biscuits à sa surface. Ayez toujours un extincteur sous la main, en cas d'accident.

10 **Élimination de l'humidité.** La flamme du chalumeau ne doit pas lécher la brasure. Alors que le tuyau ou le tube devient chaud, la brasure coule tout autour du joint et y pénètre. Lorsqu'elle aura durci, épongez le joint avec un chiffon imbibé d'eau froide afin de refroidir le tuyau ou le tube. Chaque joint doit être brasé de cette façon.

Brasure et décapant

En vertu du Code national de plomberie des États-Unis, la brasure et le décapant ne doivent pas contenir plus de 0,2 pour cent de plomb. Pendant bon nombre d'années, on employait de la brasure composée en parts égales de plomb et d'étain (on parlait alors de brasure massive). Toutefois, les répercussions du plomb sur la santé humaine ont entraîné une modification de la formule. En fait, les autorités de votre municipalité interdisent peut-être l'emploi d'une brasure contenant du plomb. Comme solution de rechange, il faut vous tourner vers la brasure phosphoreuse argentée.

Nous vous avons présenté la méthode traditionnelle en deux étapes, l'application du décapant et ensuite la brasure. L'addition de décapant est nécessaire pour prévenir l'oxydation du métal alors que la flamme chauffe le tuyau.

Mise en garde : Le décapant est un irritant. Portez des lunettes de protection et évitez de vous frotter les paupières. Lavez-vous soigneusement les mains après avoir manipulé du décapant et de la brasure.

Certaines marques de brasure contiennent du décapant ; il n'est alors pas nécessaire d'en appliquer sur les extrémités des tuyaux que l'on veut raccorder. Lorsque vous achetez de la brasure, lisez attentivement les indications du fabricant et demandez conseils aux employés de votre fournisseur.

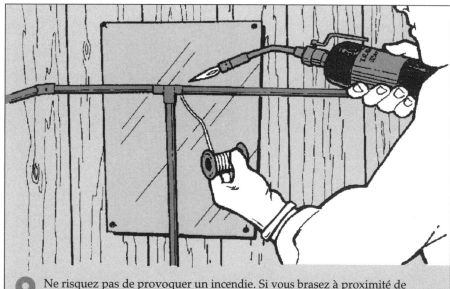

9 Ne risquez pas de provoquer un incendie. Si vous brasez à proximité de solives, d'un revêtement mural ou d'un autre matériau inflammable, fixez un pare-feu à cette surface afin de la protéger de la flamme du chalumeau.

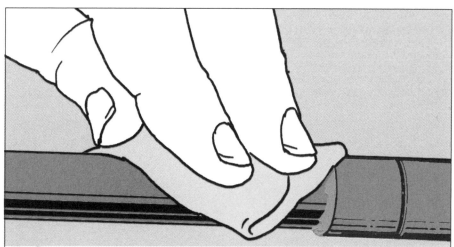

10 Passez un chiffon humecté d'eau froide sur le tuyau afin de le refroidir. Vérifiez ensuite l'étanchéité du joint. S'il fuit, ajoutez de la brasure mais, à la longue, vous pourriez devoir le rompre et recommencer.

Réparation des tuyaux en PVC-C

Un tuyau en chlorure de polyvinyle surchloré (PVC-C) est rigide. On adjoint une pièce de rechange à un tuyau qui fuit en retranchant la section abîmée et en installant un nouveau segment, et on fait appel au soudage par solvant (aussi dit à froid). Pour ce faire, on applique de l'adhésif à solvant aux extrémités de chacun des éléments qui sont ensuite réunis à l'aide de raccords en PVC-C.

Les tuyaux de PVC-C ont un diamètre de 1 et 2 cm (1/2 et 3/4 po), et sont vendus en longueurs de 3 m (10 pi) et plus. Ils peuvent être exposés à des températures montant jusqu'à 83 °C (180 °F) sous une pression de 100 lb par po^2. Par conséquent, le PVC-C répond aux critères exigés pour les canalisations qui acheminent de l'eau chaude vers les appareils sanitaires et les électroménagers qui fonctionnent à l'eau chaude.

Le PVC-C n'est pas le seul type de plastique qui sert à acheminer l'eau. On emploie également le polybutylène (PB) lorsque le code du bâtiment le permet. Ce matériau suffisamment souple pour être enroulé à la manière d'un tuyau d'arrosage nous arrive en serpentins de 7,65, 30,5 et 152 m (25, 100 et 500 pi).

Si la tuyauterie de votre maison est en PB et qu'un tuyau fuit, il est possible d'en remplacer une section. Cependant, vous ne pouvez recourir au soudage par solvant. Il faut raccorder les tuyaux de PB à l'aide de raccords de compression. Demandez aux employés de votre fournisseur de matériaux de construction de vous expliquer de quoi il s'agit.

Préparation

1. Tirez la chasse d'eau et ouvrez tous les robinets, notamment ceux qui se trouvent à l'extérieur de la maison. Laissez-les ouverts jusqu'à ce que la réparation soit terminée et que le courant d'eau soit rétabli.

Tracez une marque au moins à 5 cm (2 po) de chaque côté de la fissure. Assujettissez le coupe-tuyau sur l'une des marques que vous venez de tracer sur le tube ou le tuyau et faites-lui exécuter un tour complet. Resserrez le manche du coupe-tuyau et faites-lui exécuter un autre tour. Poursuivez ainsi même jusqu'à ce que le tuyau ou le tube soit sectionné.

Refaites la même chose sur l'autre marque. Travaillez de main ferme pour vous assurer que les extrémités du tuyau sont bien équarries.

2. Lorsque vous avez retiré la section abîmée, mesurez l'espace qui sépare les deux extrémités du tuyau. Taillez une pièce de rechange en PVC-C de la longueur qui convient à l'aide d'un coupe-tuyau ou d'une scie à métaux et d'une boîte à onglet. Les extrémités doivent être nettes et droites.

3. Lorsque la pièce de rechange est taillée, raclez les bavures aux extrémités des différents tuyaux à l'aide d'un couteau à lame rétractable. Par la suite, biseautez les bordures pour assurer un soudage sécuritaire.

4. Avant d'appliquer l'apprêt et l'adhésif à solvant, insérez les raccords aux extrémités de chaque tuyau pour vous assurer qu'ils glissent bien.

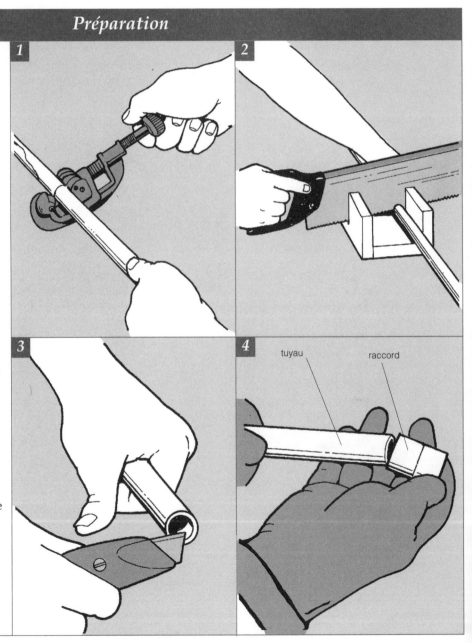

tuyau   raccord

Mise en garde : Travaillez dans un endroit bien aéré et portez des lunettes et des gants de protection.

1. On pose un apprêt sur le PVC-C afin de nettoyer les éléments que l'on réunira. En conséquence, il faut en appliquer également à l'intérieur des tuyaux et des raccords, de même qu'autour des extrémités du tuyau sectionné et dans les emboîtements.

2. Pendant que l'apprêt est encore humide, appliquez une couche d'adhésif à solvant sur les extrémités de chaque tuyau et à l'intérieur des raccords. Vérifiez que les surfaces en sont bien enduites.

3. Faites glisser les raccords autour de la pièce de rechange. Tenez celle-ci entre les extrémités du tuyau sectionné et mettez les raccords en place afin d'assujettir la pièce de rechange.

Faites tourner chaque raccord dans les deux sens à plusieurs reprises, puis serrez bien les éléments en exerçant une pression pendant 20 secondes avant de la relâcher. Ainsi, l'adhésif se répandra tout autour du joint pour mieux souder le raccord.

4. Tout en usant de précaution, faites vite pour réunir les éléments avant que le solvant ne durcisse. L'adhésif à solvant formera un bourrelet autour des joints si le travail est bien effectué.

5. Si aucun bourrelet ne se forme autour des joints, refaites le travail. Le bourrelet assurera l'étanchéité du joint ; s'il y avait la moindre faille, l'eau s'en échapperait.

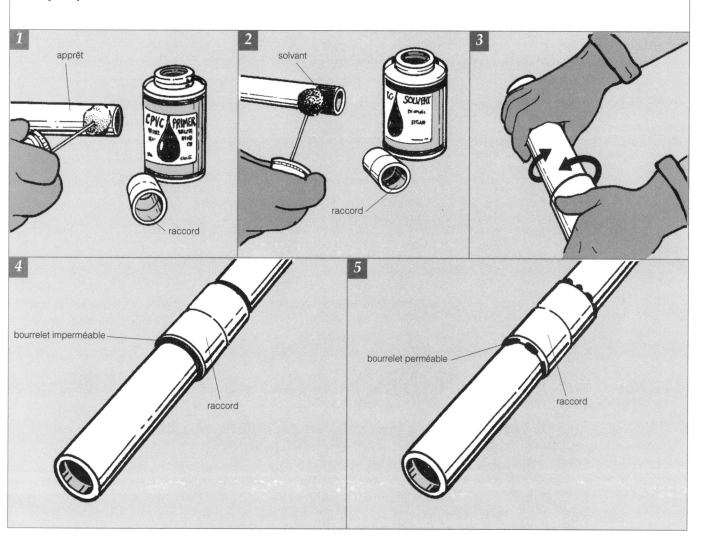

1. apprêt · raccord

2. solvant · raccord

3.

4. bourrelet imperméable · raccord

5. bourrelet perméable · raccord

Réparation des tuyaux d'acier galvanisé

Les conduites d'eau en acier galvanisé peuvent fuir au niveau de leur filetage (voir la flèche noire) ou de leur paroi (voir les flèches bleues).

Avant d'effectuer une réparation, tirez la chasse d'eau de toutes les toilettes et ouvrez tous les robinets de la maison, dont ceux qui se trouvent à l'extérieur. Laissez-les ouverts jusqu'à ce que la réparation soit terminée et que le courant d'eau soit rétabli.

Lorsque l'eau ne goutte plus du raccord fileté, nettoyez sa circonférence à l'aide d'un papier de verre. Poncez la surface jusqu'à ce que toute la corrosion ait disparu et que le raccord brille comme un sou neuf.

Réparations temporaires

On peut colmater une fuite légère autour d'un raccord fileté ou à la surface d'une conduite d'eau en acier galvanisé à l'aide d'une résine époxydique.

1. Mélangez la quantité voulue des deux parts de résine époxydique que contient la trousse de réparation. Lisez les indications sur le conditionnement. En règle générale, on forme le matériau de réparation en pétrissant des quantités égales de chacun des composants de la trousse.

2. Modelez le composé pour en faire un colombin dont vous entourerez le raccord. Mettez-le en place en exerçant une pression de la main. Laissez durcir le matériau ; une heure devrait suffire.

3. Si la fuite provient de la paroi de la conduite, vous pourriez la colmater à l'aide de la quantité voulue des deux parts de résine époxyde et d'un collier de serrage. Après avoir fermé l'alimentation en eau, purgez les conduites et poncez la surface abîmée

au papier de verre, apposez la résine époxydique sur la fissure.

4. Fixez le collier de serrage sur la résine de manière à ce que l'emboîtement du collier s'appuie sur la résine qui couvre la fissure. Resserrez le collier.

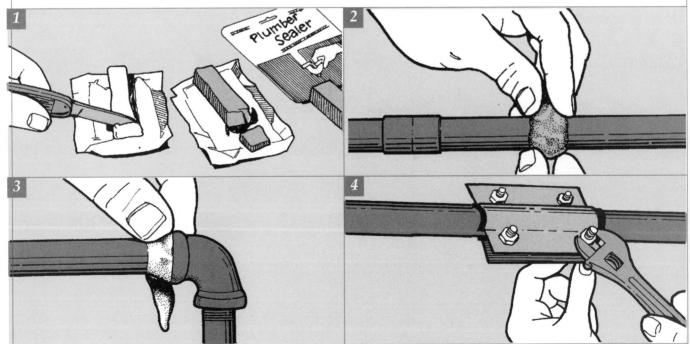

Réparations permanentes

Suivez ces indications après avoir fermé l'alimentation en eau et purgé les conduites :

1 **Mesurage de la conduite**. Mesurez et inscrivez la longueur de la conduite à partir de la bride de l'un des raccords à celle du second. En supposant que la conduite ait un diamètre de 1 ou 2 cm (1/2 ou 3/4 po), ainsi qu'il est probable, ajoutez 2,5 cm (1 po) à la mesure en prévision du 1 cm (1/2 po) qui viendra se loger à l'intérieur de chaque raccord. Si la conduite fait 2,5 cm (1 po) de diamètre, ajoutez 3 cm (1 1/4 po) à la mesure en prévision du joint de près de 1,75 cm (5/8 po) avec chaque raccord. Vous devez connaître ces mesures lorsque vous vous procurez une pièce de rechange. Les pièces de rechange plus le raccord union (composé de trois écrous) doivent totaliser cette mesure.

2 **Taille de la conduite abîmée.** Sectionnez la conduite abîmée à l'aide d'une scie alternative ou d'une scie à métaux ; taillez-la à environ 30 cm (12 po) de l'un des raccords.

3 **Retrait de la conduite**. Saisissez le raccord à l'aide d'une clé à tuyau ; saisissez le bout de canalisation à l'aide d'une autre clé à tuyau. Mettez les clés en place de telle sorte que leurs mâchoires soient vis-à-vis l'une de l'autre. Tenez fermement le raccord avec une clé et dévissez la conduite en faisant tourner l'autre clé dans le sens contraire des aiguilles d'une montre. Si le raccord est abîmé, dévissez-le également et procurez-vous-en un nouveau.

4 **Application d'un dégrippant**. Si les filets du raccord et de la conduite sont corrodés au point qu'il est impossible de les dévisser, déposez quelques gouttes de dégrippant que vous laisserez agir avant de tenter de les disjoindre de nouveau. Si cela ne change rien, faites chauffer la section filetée à l'aide d'un chalumeau pendant 30 secondes.

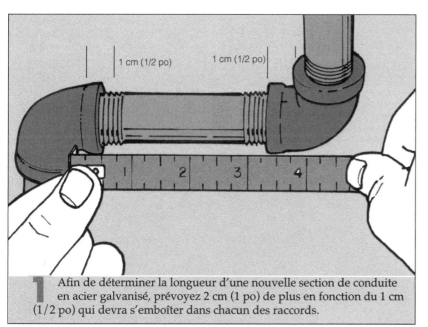

1 cm (1/2 po)   1 cm (1/2 po)

1 Afin de déterminer la longueur d'une nouvelle section de conduite en acier galvanisé, prévoyez 2 cm (1 po) de plus en fonction du 1 cm (1/2 po) qui devra s'emboîter dans chacun des raccords.

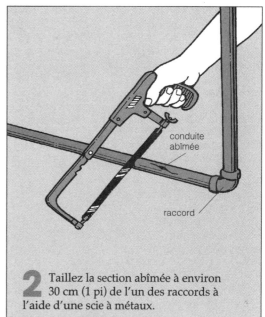

conduite abîmée

raccord

2 Taillez la section abîmée à environ 30 cm (1 pi) de l'un des raccords à l'aide d'une scie à métaux.

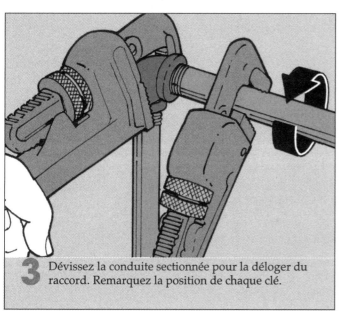

3 Dévissez la conduite sectionnée pour la déloger du raccord. Remarquez la position de chaque clé.

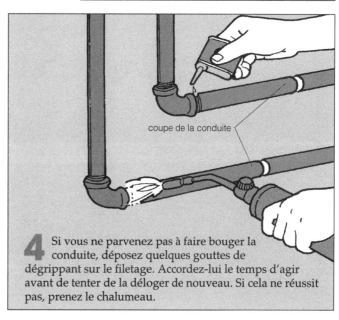

coupe de la conduite

4 Si vous ne parvenez pas à faire bouger la conduite, déposez quelques gouttes de dégrippant sur le filetage. Accordez-lui le temps d'agir avant de tenter de la déloger de nouveau. Si cela ne réussit pas, prenez le chalumeau.

Vous devriez réussir. Mais prenez garde aux matériaux inflammables qui entourent la conduite. Fixez une plaque à biscuits à l'arrière-plan pour éviter tout risque d'incendie.

Sectionnez le reste de la conduite en laissant toutefois une longueur de 30 cm (12 po) à proximité du second raccord. Délogez la conduite de cet autre raccord comme vous l'avez fait pour le premier.

5 **Remplacement de la conduite**. Le remplacement d'une section de la conduite consiste à visser des mamelons d'acier galvanisé et des raccords unions de manière à atteindre la longueur de l'ancienne conduite. Il est impossible d'insérer une conduite sur toute sa longueur entre deux raccords. Pour y parvenir, il faudrait désassembler toute l'installation depuis son extrémité jusqu'à l'endroit où vous travaillez.

6 **Application d'une pâte à joints**. Commençons en supposant qu'il vous faut remplacer un ou deux raccords. Appliquez de la pâte à joints sur le filetage des tuyaux contigus aux raccords.

7 **Mise en place des raccords**. Installez les nouveaux raccords. Resserrez-les à l'aide des clés à tuyau en les décentrant de quelques centimètres (1/8 po) pour faciliter la mise en place des autres composants.

Remarque : N'oubliez pas d'enduire de pâte à joints le filetage mâle.

8 **Mise en place du mamelon**. Vissez un mamelon d'acier galvanisé à l'un des raccords. Resserrez-le. Un mamelon est un tuyau de 30 cm (12 po) ou moins dont les deux extrémités sont filetées à l'extérieur.

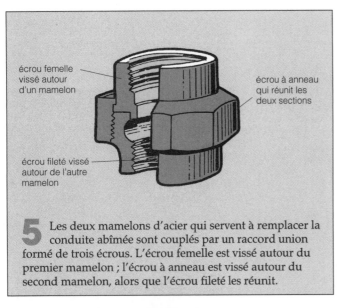

écrou femelle vissé autour d'un mamelon

écrou à anneau qui réunit les deux sections

écrou fileté vissé autour de l'autre mamelon

5 Les deux mamelons d'acier qui servent à remplacer la conduite abîmée sont couplés par un raccord union formé de trois écrous. L'écrou femelle est vissé autour du premier mamelon ; l'écrou à anneau est vissé autour du second mamelon, alors que l'écrou fileté les réunit.

6 N'oubliez pas d'étancher tous les filetages mâles à l'aide d'une pâte à joints.

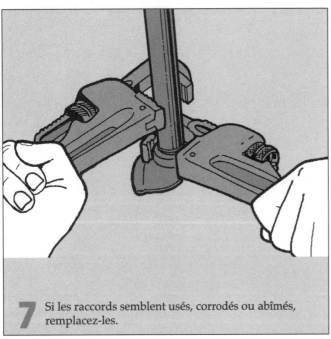

7 Si les raccords semblent usés, corrodés ou abîmés, remplacez-les.

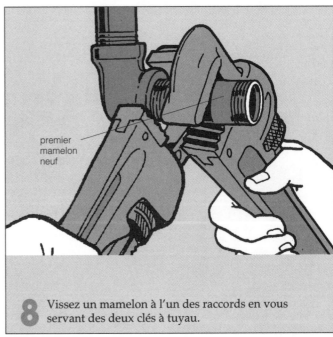

premier mamelon neuf

8 Vissez un mamelon à l'un des raccords en vous servant des deux clés à tuyau.

9 **Mise en place de l'écrou à anneau**. Séparez les trois écrous d'un raccord union et glissez l'écrou à anneau autour du mamelon.

10 **Fixation du raccord union**. Vissez le filetage femelle du raccord union au mamelon. Enduisez l'extrémité femelle de pâte à joints. Vissez un autre mamelon à la seconde embouchure du raccord.

11 **Serrage du raccord union**. En supposant que vous n'emploierez que deux mamelons et un seul raccord union, vissez le troisième écrou du raccord à ce même mamelon. Remarquez que cet élément du raccord union est fileté à l'extérieur, de sorte qu'il est possible d'y visser l'écrou à anneau.

12 **Serrage de l'écrou à anneau**. Faites tourner les deux raccords afin qu'ils soient alignés et que la lèvre du filetage femelle du raccord union puisse s'engager dans le filetage extérieur du raccord union. Glissez l'écrou à anneau jusqu'à ce qu'il soit en place et serrez-le bien afin de bloquer le raccord union et les mamelons.

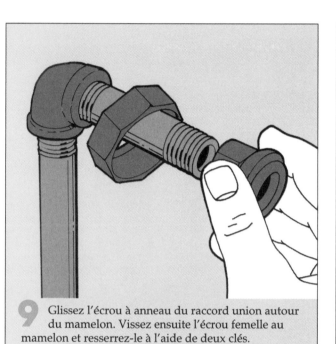

9 Glissez l'écrou à anneau du raccord union autour du mamelon. Vissez ensuite l'écrou femelle au mamelon et resserrez-le à l'aide de deux clés.

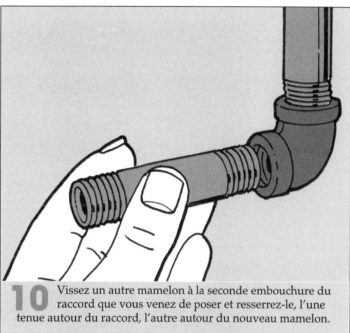

10 Vissez un autre mamelon à la seconde embouchure du raccord que vous venez de poser et resserrez-le, l'une tenue autour du raccord, l'autre autour du nouveau mamelon.

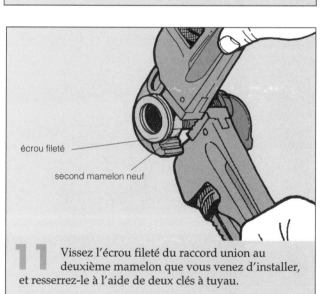

écrou fileté

second mamelon neuf

11 Vissez l'écrou fileté du raccord union au deuxième mamelon que vous venez d'installer, et resserrez-le à l'aide de deux clés à tuyau.

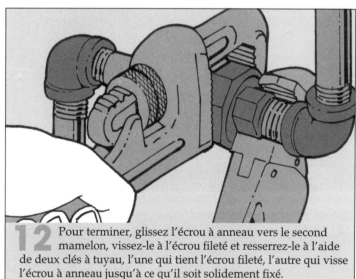

12 Pour terminer, glissez l'écrou à anneau vers le second mamelon, vissez-le à l'écrou fileté et resserrez-le à l'aide de deux clés à tuyau, l'une qui tient l'écrou fileté, l'autre qui visse l'écrou à anneau jusqu'à ce qu'il soit solidement fixé.

Réparation d'un siphon d'évier qui fuit

Il existe plusieurs modèles de siphons d'évier, par exemple celui orientable en forme de P ou de J ; il peut être fabriqué en métal ou en plastique et peut avoir ou non un bouchon de dégorgement. On trouve également le siphon fixe en forme de P qui est raccordé directement au tuyau de vidange plutôt qu'à un coude.

Réparation temporaire

Si le siphon métallique d'un évier se corrode et qu'il commence à goutter, essayez de le réparer temporairement à l'aide d'un ruban de plastique extensible et étanche comme celui que l'on emploie pour réparer les tuyaux d'arrosage. Entourez le siphon de plusieurs épaisseurs de ce ruban. Cela devrait colmater la fuite pendant quelques jours. Placez cependant un seau sous le siphon par mesure de précaution.

Réparation permanente

Vous pouvez remplacer un siphon métallique corrodé par un autre en métal ou en plastique. Le plastique a l'avantage de résister à la corrosion. Voici comment faire.

Placez un seau sous le siphon. Essayez de dévisser à la main les contre-écrous qui tiennent le siphon à la pièce de raccordement et à la rallonge. Si vous ne parvenez pas à les faire bouger, prenez une pince réglable ou une clé à tuyau afin de les dégager. Par la suite, dévissez les écrous coulissants et enlevez le siphon corrodé.

Fourrez un chiffon dans la rallonge du tuyau de vidange pour empêcher les gaz des égouts de remonter jusqu'à vous. Emportez le siphon pour vous assurer d'en acheter un autre du même modèle et de la même dimension. En règle générale, les siphons de lavabos ont un diamètre de 3 cm (1 1/4 po) alors que ceux d'éviers mesurent 4 cm (1 1/2 po) de diamètre.

Installez le nouveau siphon après avoir lubrifié les surfaces filetées. N'employez que vos mains pour resserrer les écrous coulissants. Faites couler l'eau. S'il y a une fuite, resserrez quelque peu les écrous coulissants à l'aide d'une pince réglable ou d'une clé à tuyau.

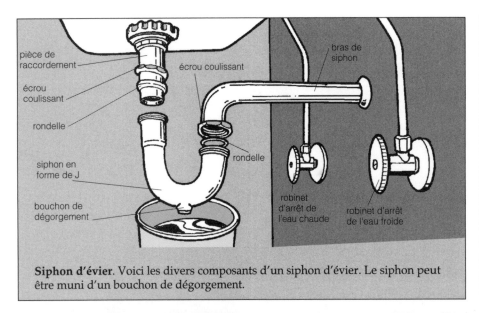

pièce de raccordement

écrou coulissant

écrou coulissant

rondelle

siphon en forme de J

bouchon de dégorgement

bras de siphon

rondelle

robinet d'arrêt de l'eau chaude

robinet d'arrêt de l'eau froide

Siphon d'évier. Voici les divers composants d'un siphon d'évier. Le siphon peut être muni d'un bouchon de dégorgement.

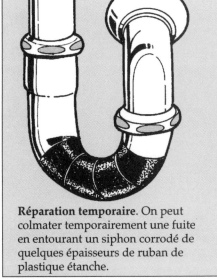

Réparation temporaire. On peut colmater temporairement une fuite en entourant un siphon corrodé de quelques épaisseurs de ruban de plastique étanche.

Réparation permanente. Ces schémas illustrent les étapes du remplacement d'un siphon. À partir de la gauche : dévissez les écrous coulissants, retirez le vieux siphon et mettez-le au rebut, installez-en un nouveau et resserrez les écrous coulissants.

Adaptateur fileté Outil servant à l'installation des canalisations d'eau froide.

Aérateur Ajutage en caoutchouc ou en plastique qu'on adapte à un robinet pour atténuer la violence du jet et éviter les éclaboussures.

Anneau d'étanchéité en cire Anneau de cire présent à la base de la cuvette, qui entoure le tuyau de chute, pour prévenir les fuites d'eau.

Anti-bélier pneumatique Tuyau vertical contenant de l'air qui prévient les coups de bélier en absorbant la suppression produite au moment où l'on ferme le robinet.

Bouchon de baignoire Pièce ronde ou cylindrique posée au fond de la baignoire pour empêcher ou permettre l'évacuation de l'eau ; il en existe deux sortes, escamotable ou à ventouse.

Branchement coudé Branchement de ventilation secondaire qui court entre une colonne de ventilation secondaire et le tuyau de drainage d'un branchement.

Brasage Opération consistant à assembler des tuyaux de cuivre.

Bride de sol Ouverture du coude sanitaire par laquelle le tuyau est fixé au sol.

Calfeutre Matériau isolant servant à boucher les interstices entre les raccords de la plomberie.

Colonne de chute Canalisation verticale servant à descendre les eaux usées jusqu'aux fosses d'épuration ; désigne également la canalisation principale verticale qui achemine les déchets humains et non humains d'un groupe d'appareils, notamment d'une toilette, ou de tous les appareils de plomberie d'une installation donnée.

Colonne de ventilation secondaire Canalisation verticale à laquelle se raccordent plusieurs branchements.

Colonne montante Canalisation d'eau verticale.

Conduite maîtresse Principale canalisation à laquelle sont réunies toutes les autres, de façon directe ou indirecte.

Coude Tronçon de conduit assurant des modifications relatives à l'orientation de celui-ci.

Coude sanitaire Tuyau de vidange courbé qui se trouve sous la base de la cuvette.

Coup de bélier Variation subite de pression exercée dans une canalisation au moment de la fermeture ou de l'ouverture rapide d'une vanne.

Couple thermoélectrique Dispositif de sécurité qui coupe automatiquement l'alimentation en gaz vers la veilleuse d'allumage lorsque la flamme s'éteint.

Coupure antirefoulement Dispositif présent dans les canalisations d'évacuation d'un lave-vaisselle qui empêche le refoulement des eaux usées, lesquelles contamineraient l'eau propre dans l'appareil. Désigne également l'espace nécessaire entre la source d'eau potable (un robinet de puisage) et l'ouverture d'un évier ou d'un lavabo dans laquelle l'eau s'écoule.

CPV Chlorure de polyvinyle. Plastique employé dans la fabrication des canalisations d'eau froide.

Décapant Matériau que l'on applique sur la surface des tuyaux et raccords de cuivre pour en faciliter le nettoyage et le liage.

Dispositif antirefoulement Appareil de robinetterie destiné à empêcher l'inversion du fluide dans une canalisation d'eau potable.

Évacuation et ventilation Circuit de tuyautage par lequel sont évacuées les eaux vannes et ménagères.

Filetage femelle Extrémité d'un tuyau ou d'un raccord dotée de filets à l'intérieur.

Filetage mâle Extrémité d'un tuyau ou d'un raccord dotée de filets à l'extérieur.

Flotteur de chasse d'eau Boule creuse se trouvant à l'extrémité de la tige à l'intérieur du réservoir d'une cuvette, qui flotte sur l'eau alors que le réservoir se remplit, après qu'on a tiré la chasse d'eau, et ferme l'orifice d'entrée d'eau.

Garniture Joint assurant le scellement de deux conduites ou d'une conduite avec une structure.

Inverseur Dispositif qui change la direction du courant d'eau entre un robinet ou un appareil et un autre.

Joint de tuyaux Assemblage de deux tronçons, tuyaux ou raccords à d'autres éléments d'une installation sanitaire.

Joint torique Joint de caoutchouc pouvant assurer une étanchéité aussi bien statique que dynamique.

Manchon Collier de serrage servant à colmater les tuyaux qui fuient.

Mastic de plombier Matériau employé afin d'étancher les ouvertures des embranchements.

Membrane Remplace une rondelle d'étanchéité de tige dans un robinet de compression.

Polychlorure de vinyle surchloré (PVC-C) Plastique rigide dont on fait les canalisations d'eau chaude.

Raccord Pièce servant à assembler deux tuyaux.

Raccord de tuyauterie Pièce devant être raccordée à des tuyaux droits pour les changements de direction, de diamètre, les dérivations.

Raccord en T Accessoire de tuyauterie en forme de T doté de trois joints d'accouplement.

Raccord en Y Raccord à trois orifices servant à relier les antennes d'une canalisation aux conduites d'évacuation horizontales ; sert également à faire des regards de nettoyage.

Raccord intermédiaire Pièce se composant de deux demi-raccords servant à réunir deux raccords dont les filets sont différents.

Raccord réduit Raccord dont les extrémités ont un diamètre différent pour permettre de réduire ou d'augmenter le diamètre de la tuyauterie.

Raccord sans emboîtement Raccord qui permet de réunir des tuyaux avec des manchons en néoprène et des colliers de serrage en acier inoxydable.

Regard de nettoyage Bouchon mâle amovible que l'on fixe à un siphon ou à un tuyau de vidange afin de désengorger plus facilement une canalisation qui serait obstruée.

Retour d'eau Inversement du sens normal d'écoulement de l'eau ou d'autres liquides dans les canalisations d'approvisionnement que provoque une pression négative à l'intérieur de celles-ci.

Robinet à clapet Accessoire qui remplace la tige de vidange à levier, les guides et le flotteur du réservoir d'une cuvette.

Robinet à flotteur Robinet asservi par le moyen d'un flotteur présent dans le réservoir d'une cuvette.

Robinet d'arrêt Dispositif intégré à une canalisation d'eau destiné à interrompre l'alimentation d'eau d'un circuit ou d'un appareil.

Robinet de chasse d'eau Dispositif se trouvant au fond du réservoir qui en assure la fermeture hermétique entre chaque usage.

Robinet de purge Dispositif qui permet de vidanger l'eau d'un chauffe-eau.

Rosace Plaque décorative qui couvre le trou qui reçoit la tige ou la cartouche d'un robinet.

Siège de soupape Partie de la soupape à laquelle on raccorde une rondelle de caoutchouc ou un autre élément de plomberie pour empêcher l'écoulement d'eau.

Siphon Dispositif dont le rôle est d'empêcher l'air vicié des canalisations et des égouts de communiquer avec les locaux habités sans gêner l'évacuation des liquides et des matières.

Soupape de décharge Dispositif de sécurité propre à un chauffe-eau qui libère automatiquement l'eau à la faveur d'une accumulation ou d'une pression et d'une température excessives.

Soupape de décharge et de sécurité thermique Dispositif qui empêche la température et la pression d'augmenter à l'intérieur d'un réservoir pour éviter qu'il n'explose.

Soupape de sûreté à ressort Dispositif servant à ouvrir et à fermer les tuyaux d'évacuation.

Support Dispositif employé afin de soutenir les canalisations suspendues.

Support de tuyauterie Toute pièce servant à soutenir les tuyaux.

Système d'écoulement des eaux Ensemble des canalisations qui acheminent les eaux vannes et ménagères entre une résidence et le réseau d'égout municipal ou une fosse septique.

Taille nominale Taille désignée d'un tuyau ou d'un raccord qui varie quelque peu de sa taille réelle.

Tige de levage Barre de laiton qui sert à soulever l'obturateur de vidange d'un réservoir de cuvette.

Trop-plein Tube présent dans le réservoir d'une toilette par lequel s'écoule l'eau lorsque le flotteur ne réussit pas à activer le robinet d'arrêt quand le réservoir est plein.

Tuyau d'évacuation Tout tuyau utilisé pour l'évacuation et le drainage des eaux vannes et ménagères, raccordé au réseau d'égout municipal ou à une fosse septique.

Vanne d'alimentation Vanne présente à l'intérieur du réservoir d'une cuvette pour en contrôler l'alimentation d'eau.

Ventilation primaire Principale colonne de ventilation à laquelle on raccorde les branchements de ventilation.

Vidange Évacuation de l'eau d'un appareil de plomberie qui ne contient pas de matières fécales.

I N D E X